光电信息技术创新规划系列丛书

U0290303

LED 光源技术与应用

◎主　编　王中龙

◎副主编　陈宏斟

◎参　编　刘招荣　林进生　林丽璇　严启荣　田世锋
　　　　　张仕宪　李渊洋　黄绍雄　黄　力

◎主　审　伦洪山

电子工业出版社

Publishing House of Electronics Industry

北京 · BEIJING

内 容 简 介

本教材共 8 个实训项目 26 个任务，包括光电基础电路制作与检测、LED 室内照明灯具的组装与测试、LED 景观照明的设计与制作、LED 驱动电源的制作与检测、LED 在交通信号灯方面的应用、LED 在智能路灯方面的应用、单色 LED 点阵显示屏的制作与应用和 LED 全彩显示屏的制作与应用等内容。本教材图文并茂、通俗易懂、可操作性强，适合职业院校学生及初学者阅读。

本书既可作为职业院校光电仪器制造与维修专业的教材，也可作为电子爱好者及行业初学者的参考用书。

图书在版编目（CIP）数据

LED 光源技术与应用 / 王中龙主编. —北京：电子工业出版社，2018.4

ISBN 978-7-121-33897-7

Ⅰ. ①L… Ⅱ. ①王… Ⅲ. ①发光二极管—照明Ⅳ. ①TN383

中国版本图书馆 CIP 数据核字（2018）第 064971 号

策划编辑：郑 华

责任编辑：郑 华 特约编辑：王 纲

印　　刷：北京虎彩文化传播有限公司

装　　订：北京虎彩文化传播有限公司

出版发行：电子工业出版社

　　　　　北京市海淀区万寿路 173 信箱　邮编　100036

开　　本：787×1 092　1/16　印张：15　字数：384 千字

版　　次：2018 年 4 月第 1 版

印　　次：2025 年 2 月第 12 次印刷

定　　价：34.80 元

凡所购买电子工业出版社图书有缺损问题，请向购买书店调换。若书店售缺，请与本社发行部联系，联系及邮购电话：(010) 88254888，88258888。

质量投诉请发邮件至 zlts@phei.com.cn，盗版侵权举报请发邮件至 dbqq@phei.com.cn。

本书咨询联系方式：(010) 88254988，3253685715@qq.com。

前 言
PREFACE

近几年来，LED 技术得到了迅猛的发展，随着其发光效率的逐步提高和造价的逐步降低，LED 的应用领域越来越广泛。特别是在全球能源短缺的背景下，LED 光源在照明市场的应用前景备受瞩目和重视。光电行业的迅速发展必然带来大量的人才缺口，因此，各职业院校纷纷开设光电信息技术及相关专业，培养相关人才，推动技术发展，提升职教质量，满足市场需求。

针对职业学校学生理论弱、技能强的特点，本书打破了传统的知识体系结构，以应用为主线，以实训项目为载体，以典型、具体的任务操作贯穿全书。本书在编写时力求体现以下 4 个方面的特点：

1. 以就业为导向，以技能为核心。在编写本书前，作者团队曾做过大量的调研，获得了丰富的行业企业调研资料，比较准确地掌握了行业的岗位技能要求，并在此基础上编写本书。

2. 本书根据职业教育的要求编写，打破了传统教学教材以理论知识体系为编写依据的方式，采用目前职业教育中大力提倡的项目教学法。每个任务中包括了明确的任务目标（知识目标、技能目标）、任务内容（知识、实训）、考核方式，并在每个任务结束时设计了实训考核表格。学生通过学习，可建立严谨、踏实的工作作风，培养 5S 精神，为将来的职业生涯打下良好的基础。

3. 注重应用，积极倡导"做中学，做中教"的职业教育方式。针对职业院校学生的特点，本书精简原理，突出应用，每个任务均遵循"理实一体化"的编写思路。

4. 内容丰富，图文并茂，操作性强。每个任务均有实拍图片以及相关知识点简介，所有实训力求在实际应用方面凸显其特色，有较强的应用性和可操作性。

本教材由珠海第一职业技术学校的王中龙老师担任主编，陈宏斟老师担任副主编，刘招荣、林进生、林丽璇、严启荣、田世锋、张仕宪、李渊洋、黄绍雄、黄力老师参与了本书编写工作，伦洪山老师担任本书的主审。本书的编写工作得到了编者所在学院领导及兄弟院校老师的帮助，在此表示感谢。此外，在本书编写过程中，借鉴和参考了国内的同类著作，在此特向有关作者致谢！

目 录
CONTENTS

项目一

光电基础电路制作与检测

光电基础器件有光敏电阻、光电二极管、光电池和光电三极管等，它们被广泛应用于太阳能庭院灯、光控开关、路灯自动开关、红外遥控、光电控制、太阳能电池及传感检测电路中，主要功能是实现光电转换。

任务一 光电器件电路基本参数测试

基本的光电器件包括光敏电阻、光电二极管和光电三极管，它们被广泛应用于自动控制及光控开关等电路中，主要作用是把光信号转化为电信号。

任务目标 ➕

知识目标

1. 了解光敏电阻、光电二极管和光电三极管的基本原理。
2. 了解光敏电阻、光电二极管和光电三极管测量电路的相关知识。

技能目标

1. 学会用万用表检测光敏电阻、光电二极管和光电三极管。
2. 掌握光敏电阻、光电二极管和光电三极管电参数的测试方法。

任务内容 ➕

1. 测试光敏电阻、光电二极管和光电三极管。
2. 比较光敏电路与固定电路的发光情况。

 **知识**

1. 光敏电阻简介

光敏电阻又称光导管，常用的制作材料为硫化镉（CdS），另外还有硒、硫化铝、硫化铅和硫化铋等材料。这些制作材料具有在特定波长的光照射下，阻值迅速减小的特性。这是由于光照产生的载流子都参与导电，在外加电场的作用下做漂移运动，电子向电源的正极移动，空穴向电源的负极移动，从而使光敏电阻的阻值迅速下降。光敏电阻的图形符号、外形与结构如图 1-1-1 所示。

图 1-1-1　光敏电阻的图形符号、外形与结构

光敏电阻是用硫化镉或硒化镉等半导体材料制成的特殊电阻，其工作原理基于内光电效应。光照越强，阻值就越低，随着光照强度的升高，阻值迅速降低，亮电阻值可降至 1kΩ 以下。光敏电阻对光线十分敏感，其在无光照时呈高阻状态，暗电阻值一般可达 1.5MΩ。光敏电阻的特殊性能使其得到了极其广泛的应用。

光敏电阻一般用于光的测量、光的控制和光电转换（将光的变化转换为电的变化）。光敏电阻对光的敏感性（即光谱特性）与人眼对可见光（0.4～0.76μm）的响应很接近，人眼可感受的光都会引起它的阻值变化。设计光控电路时，可用白炽灯泡（或小电珠）或自然光作为控制光源，从而使设计大为简化。

2. 光电二极管简介

光电二极管也称光敏二极管，与普通二极管一样，也是由一个 PN 结组成的半导体器件，同样具有单向导电特性。光敏二极管工作时，应加上反向电压，在电路中它是反向应用的，是一种把光信号转换成电信号的光电传感器件。光电二极管的图形符号、外形与结构如图 1-1-2 所示。

图 1-1-2　光电二极管的图形符号、外形与结构

普通二极管在反向电压作用下处于截止状态，只能流过微弱的反向饱和电流。光电二极管在设计和制作时应尽量增大 PN 结的面积，以便接收入射光。光电二极管在反向电压作用下工作，没有光照时，反向电流极其微弱，称为暗电流；有光照时，反向电流迅速增大（约几十微安），称为光电流。光照强度越大，反向电流也越大。光的变化引起光电二极管电流的变化，这样就可以把光信号转换成电信号。光电二极管反向电压偏置电路如图 1-1-3 所示。

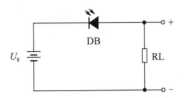

图 1-1-3 光电二极管反向电压偏置电路

光电二极管正向电阻值约 10kΩ。在无光照时，若反向电阻值为∞，则表明该二极管是好的（若反向电阻值不是∞，说明漏电流大，二极管质量较差）。有光照时，若反向电阻值随光照强度增加而减小，阻值为几千欧或在 1kΩ 以下，则表明该二极管是好的；若反向电阻值为∞或零，则表明该二极管是坏的。在太阳或灯光照射下，用万用表电压挡测量光电二极管两端（红表笔接光电二极管的正极，黑表笔接负极）的电压，通常为 0.2～0.4V。

3. 光电三极管简介

光电三极管又称光敏三极管，也是一种晶体管。它有三个电极，其中基极受光照强度的控制，当光照强度变化时，c 极和 e 极之间的电阻也随之变化。光照增强时，c 极和 e 极之间的电阻减小；反之，c 极和 e 极之间的电阻增大。光电三极管的图形符号、外形与结构如图 1-1-4 所示。

图 1-1-4 光电三极管的图形符号、外形与结构

图 1-1-4 所示是用 N 型硅单晶做成的 NPN 结构三极管。管芯基区面积较大，发射区面积较小，入射光线主要被基区吸收。与光电二极管一样，入射光在基区中激发出电子与空穴。在基区漂移场的作用下，电子被拉向集电区，而空穴积聚在靠近发射区的一边。由于空穴的积聚而引起发射区势垒的降低，其结果相当于在发射区两端加上一个正向电压，从而引起倍率为 β+1（相当于三极管共发射极电路中的电流增益）的电子注入，这就是硅光电三极管的工作原理。

常见的硅光电三极管有金属壳封装的，也有环氧平头式的，还有微型的。怎样识别其引脚呢？

对于金属壳封装三极管，金属下面有一个凸块，离凸块最近的那个引脚为发射极 e，如果该管仅有两个引脚，那么剩下的那个引脚就是光电三极管的集电极 c；若该管有三个引脚，那么离 e 极近的则是基极 b，离 e 极远的则是集电极 c。

对于环氧平头式、微型光电三极管，由于两个引脚不一样，所以很容易识别——长引脚为发射极 e，短引脚为集电极 c。

光电三极管的极性（c 极和 e 极）也可用万用表进行判断。选择万用表 $R×1k$ 挡（并调零），用物体将射向光电三极管的光线遮住，万用表的两表笔不论怎样与光电三极管的两引脚接触，测得的阻值均应为无穷大；去掉遮光物体，并将光电三极管的窗口正方朝向光源，如果这时万用表指针向右偏转（电阻值变小），则黑表笔所接的电极就是集电极 c，红表笔所接的电极就是发射极 e，如图 1-1-5 所示。

光电三极管主要应用于开关控制电路及逻辑电路。

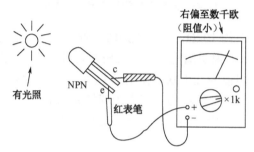

图 1-1-5　光电三极管的极性判断示意图

 实训

如图 1-1-6 所示为光电器件基础模块实训电路板。电路板上有光敏电阻测试电路、光电二极管测试电路和光电三极管测试电路等部分，其中光电二极管测试电路、光电三极管测试电路设置有固定发光电路做比较，能更直观地反映光电器件阻抗的变化。电路采用 5V 直流供电，由总开关 S 控制，各部分电路均设有独立控制开关 S1～S4，便于分步实训。

测试时的光照采用无光（用物体遮挡光电器件）、普通光（自然光）、强光（可用手机手电筒）三种形式。

1．光敏电阻的测试

光敏电阻测试电路如图 1-1-7 所示。光敏电阻 RL 与分压电阻 R1、发光二极管 D1 串联，由开关 S1 控制，设置的电流和电压测试端口便于电流表、电压表的连接。当光照处于不同状态（无光、普通光及强光）时，根据发光二极管 D1 的发光情况可以直观地了解电路电流的大小，并通过万用表测量出电流 I 和电压 U，从而计算出光敏电阻 RL 在有光照及无光照时的阻值。将测量数据记录在表 1-1-1 中。

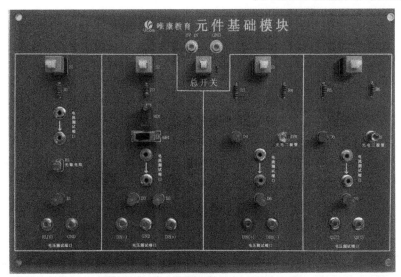

图 1-1-6　光电器件基础模块实训电路板

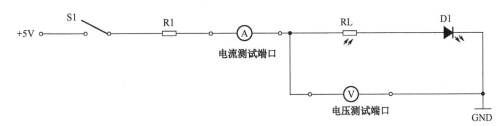

图 1-1-7　光敏电阻测试电路图

表 1-1-1　光敏电阻参数记录表

测试条件		无　光	普　通　光	强　光
测量参数	电压 U（V）			
	电流 I（mA）			
计算参数	电阻 RL 的阻值（Ω）			
D1 发光情况				

根据测量数据，分析光敏电阻 RL 的阻值与光照情况的关系。

2．光电二极管的测试

光电二极管测试电路如图 1-1-8 所示。光电二极管 DB1 与分压电阻 R4、发光二极管 D6 串联，设置的电流和电压测试端口便于电流表、电压表的连接，开关 S3 控制 R3 和 D4 串联组成的便于与光电二极管支路电流进行比对的电路。当光电二极管 DB1 处于不同的光照情况下时，将 D6 发出的明暗变化的光与 D4 发出的稳定的光进行比对，可以直观地感知光电二极管的阻抗受光照影响而发生的变化。在不同的光照状态下，分别测出光电二极管支路电流 I 和光电二极管 DB1 两端的电压 U，就可以计算出光电二极管阻抗 R_{DB1} 的大小。将测量数据填入表 1-1-2 中。

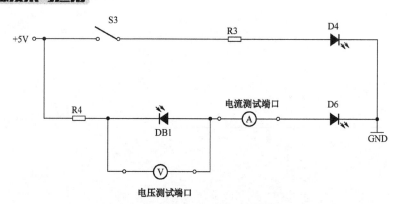

图 1-1-8　光电二极管测试电路图

表 1-1-2　光电二极管参数记录表

测 试 条 件		无　　光	普 通 光	强　　光
测量参数	电压 U（V）			
	电流 I（mA）			
计算参数	阻抗 R_{DB1}（Ω）			
D6 发光情况				

　　根据测量数据，分析光电二极管反向工作电流与光照情况的关系，以及光电二极管反向阻抗 R_{DB1} 与光照情况的关系。

3. 光电三极管的测试

　　光电三极管测试电路如图 1-1-9 所示。光电三极管 Q1 的 ce 极与偏置电阻 R6、发光二极管 D7 串联，开关 S4 控制 R5 和 D5 串联组成的用于与光电三极管支路电流进行比对的电路。当光电三极管 Q1 受不同的光照时，D7 将发出明暗变化的光，与发光二极管 D5 发出的稳定的光进行比对，可以直观地感知光电三极管在不同光照下的阻抗变化情况，测出光电三极管支路电流 I 和 Q1 两端的电压 U，就可以计算出光电三极管阻抗 R_{ce} 的大小。将测量数据记录在表 1-1-3 中。

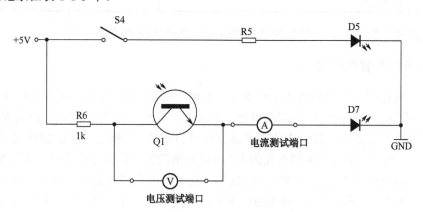

图 1-1-9　光电三极管测试电路图

表 1-1-3　光电三极管参数记录表

测 试 条 件		无　　光	普 通 光	强　　光
测量参数	电压 U（V）			
	电流 I（mA）			
计算参数	阻抗 R_{ce}（Ω）			
D7 发光情况				

思考：光电三极管的 ce 极阻抗 R_{ce} 与光照情况有何关系？

 # 考核

任务考核内容		标准分值	自我评分分值×50%	教师评分分值×50%
	任务计划阶段			
专业知识与技能	实训任务要求	10		
	任务执行阶段			
	熟悉电路连接	10		
	实训效果展示	10		
	理解电路原理	10		
	实训设备使用	10		
	任务完成阶段			
	元器件检测（极性判断）	10		
	实训数据计算	10		
	实训结论	10		
职业素养	规范操作（安全、文明）	5		
	学习态度	5		
	合作精神及组织协调能力	5		
	交流总结	5		
合计		100		
学生心得体会与收获：				
教师总体评价与建议：				
			教师签名：　　　　日期：	

任务二　调光电路制作与检测

LED 的发光原理是通过电子与空穴的复合，把过剩的能量以光的形式释出，达到发光的效果。这是将电能转换为光的过程，通过 LED 的正向电流越大，则 LED 的发光亮度越高。在 LED 照明电路中应用 LED 调光技术，可以进一步提高 LED 的节能效果。目前，LED 调光电路被广泛应用于酒店、宾馆、咖啡厅、家居装修等照明领域。

任务目标

知识目标

1. 了解 PWM 调光基本原理；
2. 理解两路调光电路的原理与应用。

技能目标

1. 熟悉调光电路的演示操作；
2. 掌握简易 PWM 方式 LED 调光电路的制作与调试方法；
3. 掌握利用示波器测试调光电路波形的方法。

任务内容

1. 调光电路基本原理及调光演示操作；
2. 简易 PWM 方式 LED 调光电路制作与调试。

 知识

1. 两路调光电路基本原理简介

在本任务中，通过单片机的 P2.3 和 P2.4 引脚输出两路 PWM（脉冲宽度调制）信号，经过运放电路和驱动电路对 PWM 信号进行调节，输出 LED 调光信号。PWM 信号的频率由程序控制，可通过独立按键调节信号的占空比，改变电流的输出，从而实现调光。

2. 简易 PWM 方式 LED 调光电路原理简介

图 1-2-1 显示了简单 PWM 方式 LED 调光电路，三极管 VT4 在矩形脉冲的控制下，驱动高亮 LED 灯串（LED2、LED3 和 LED4）发光。在矩形脉冲的高电平期间，VT4 导通，

LED 灯串发光；在矩形脉冲的低电平期间，VT4 截止，LED 灯串不发光。在单位时间内，矩形脉冲的高电平时间相对于低电平时间越长，则 LED 灯串发光的时间相对于不发光的时间就越长，由于人眼的视觉滞留特性，人们就会觉得 LED 灯串发光变亮了。

通过调节电位器 RP1，可以改变矩形脉冲的宽度，从而从视觉上改变 LED 灯串的发光亮度。可以看出，这是一个典型的 PWM 方式的调光电路。

LED 调光电路大致分为电源电路[图 1-2-1（a）]、三角波产生电路、比较电压产生电路、PWM 信号产生电路及 LED 驱动电路等部分。

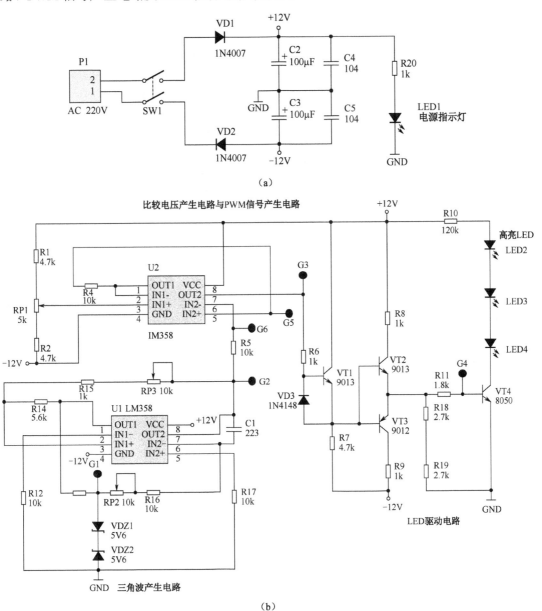

图 1-2-1　简易 PWM 方式 LED 调光电路

实训

两路调光电路实训板如图 1-2-2 所示。它主要包括 4 个部分，分别为亮度显示模块（数码管）、亮度控制模块（按键）、电源输入端（5V、12V 两组）及两路 LED 灯串输入和输出端口。

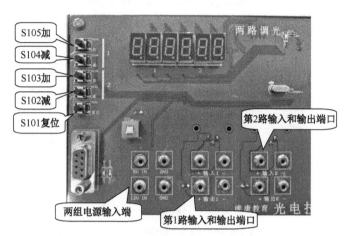

S105加
S104减
S103加
S102减
S101复位

第2路输入和输出端口

两组电源输入端

第1路输入和输出端口

图 1-2-2　两路调光电路实训板

1. 第 2 路调光电路的调光演示操作

① 在两组电源输入端接上 5V 和 12V 直流电源，注意正负极性的正确连接。

② 选择第 2 路输入和输出端口，把 LED 灯串连接至输出 2 端口，输入 2 端口连接的电源电压大小要根据所接 LED 灯串的额定电压而定，本实训调光演示采用的 LED 灯串为供电电压 12V 的白光 LED 灯带，因此输入 2 端口应外接 12V 电源。调光电路接线图如图 1-2-3 所示。

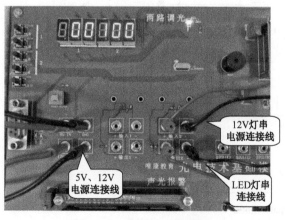

12V灯串
电源连接线

5V、12V
电源连接线

LED灯串
连接线

图 1-2-3　调光电路接线图

③ 接通电源后，LED 灯串发光，调节 S103 或 S102 按键可实现 LED 灯串调光。数码管显示模块显示的数字能直观反映灯串的亮度，当调节 S103 按键使数字增大时，亮度也增大；反之，数字越小，亮度也越小。灯串亮度最大时数字为 100，灯串最暗或熄灭时数字

为 0。图 1-2-4 为不同亮度（显示数字为 10 和 40）时的调光效果图。

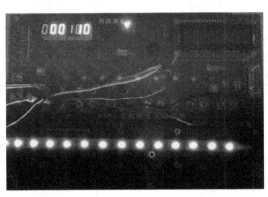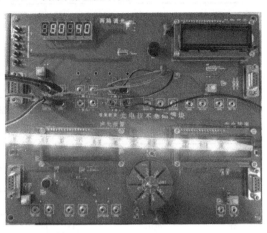

图 1-2-4　不同亮度时的调光效果图

参照上述操作方法，对第 1 路调光电路进行线路连接及调光演示。

2. 简易调光电路的制作

（1）实训器材

焊接工具有电烙铁、吸锡器、烙铁架、松香、焊锡丝和实训台等。测量器材有万用表、稳压电源、示波器等。辅助工具有连接导线、螺丝刀等。

（2）材料清单

制作简易 PWM 方式 LED 调光电路所需的材料清单见表 1-2-1。

表 1-2-1　简易 PWM 方式 LED 调光电路材料清单

序　号	材料名称	数　量	位置标识	型号或规格
1	电阻	3	R1，R2，R7	4.7kΩ
2	电阻	6	R3，R4，R5，R12，R16，R17	10kΩ
3	电阻	6	R6，R8，R9，R13，R15，R20	1kΩ
4	电阻	1	R14	5.6kΩ
5	电阻	1	R10	120Ω
6	电阻	2	R18，R19	2.7kΩ
7	电阻	1	R11	1.8kΩ
8	电容	2	C4，C5	0.1μF
9	电容	1	C1	0.022μF
10	电容	2	C2，C3	100μF
11	二极管	2	VD1，VD2	1N4007
12	二极管	1	VD3	1N4148

序　号	材　料	数　量	位置标识	型号或规格
13	运算放大器	2	U1，U2	LM358
14	稳压管	2	VDZ1，VDZ2	5.6V
15	发光二极管	1	LED1（红色）	直插 LED
16	发光二极管	3	LED2，LED3，LED4（白色高亮）	直插 LED
17	三极管	1	VT3	9012
18	三极管	2	VT1，VT2	9013
19	三极管	1	VT4	8050
20	电阻	1	RP1	5kΩ
21	电阻	1	RP2	100kΩ
22	电阻	1	RP3	10kΩ
23	双联按钮开关	1	SW1	
24	三位接口	1	P1	
25	万能电路板	1		8cm×5cm

（3）电路制作

将电子元器件按照图 1-2-1 在万能电路板上进行装配。也可以自行设计并制作 PCB，再进行安装与焊接。

装配时要注意以下几点。

① 安装元器件时要注意极性，正负极不要接错，元器件的标注方向要一致。

② 一般情况下，电阻要卧式安装，电容要立式安装，并尽量压低安装。

③ IC 芯片安装应注意引脚的排列方向。

整机焊接时，要认真检查有无虚焊和假焊，焊点之间是否连接，以防引起短路，烧坏集成电路。焊接完成后，在离焊点 0.5～1mm 处剪去多余引脚。

3. 电路调试与运行

电路装配完成后，按以下步骤对电路进行调试。

① 用示波器的 CH1 通道连接电压比较器输出端测试点 G1，示波器 CH2 通道连接电压比较器输出端测试点 G2，观察各测试点的信号波形。

② 再用示波器 CH1 通道连接电路中电压比较器输出端测试点 G3，CH2 通道连接三极管 VT4 的基极测试点 G4，观察各测试点的信号波形。

③ 调节可调电阻 RP2 和 RP3，使测试点 G1 输出的是方波，G2 输出的是三角波，G3 输出 PWM 脉冲信号，而 G4 输出的是 PWM 信号放大后的矩形脉冲。将测试的信号波形、周期及峰峰值记录在表 1-2-2 中。

④ 调节可调电阻 RP1，观察 LED 灯串（LED2、LED3 和 LED4 串联）的亮度是否随着 RP1 的阻值而发生变化。使用万用表测量电压比较器的同相输入端 G5 和反相输入端 G6 的电压值，将测量结果记录在表 1-2-3 中。

表 1-2-2　调光电路输出端信号波形、周期和峰峰值

测 试 点	信 号 波 形	周期（ms）	峰峰值（mV）
G1			
G2			
G3			
G4			

表 1-2-3　LM358 芯片电压测量结果

测试条件 测试点	RP1（最大值）	RP1（中间值）	RP1（最小值）
测试点 G5 电压 U（V）			
测试点 G6 电压 U（V）			

考核

	任务考核内容	标准分值	自我评分分值×50%	教师评分分值×50%
专业知识与技能	任务计划阶段			
	实训任务要求	10		
	任务执行阶段			
	熟悉电路连接	10		
	实训效果展示	10		
	理解电路原理	10		
	实训设备使用	10		
	任务完成阶段			
	元器件检测及装配	10		
	实训数据及波形测试	10		
	实训结果	10		
职业素养	规范操作（安全、文明）	5		
	学习态度	5		
	合作精神及组织协调能力	5		
	交流总结	5		
	合计	100		

学生心得体会与收获：

教师总体评价与建议：

　　　　　　　　　　　　　　　　　　　　　　　　教师签名：　　　　　　日期：

任务三 光控开关电路检测

光控开关由光电转换装置即光敏电阻及集成块等电子元器件组成。光照较强时，光敏元件电流增大，通过控制电路使灯不亮；光照减弱时，光敏元件产生的电压控制电路使灯点亮。光控开关被广泛应用于路灯照明、楼梯灯照明及汽车照明等场合。

任务目标

知识目标

1. 了解光敏电阻的特性和应用；
2. 理解光控开关电路的工作原理。

技能目标

1. 熟悉光控开关电路的演示操作；
2. 掌握声光控制楼梯灯电路的制作、调试及日常维护方法；
3. 掌握利用万用表测量光控开关电路参数的方法。

任务内容

1. 光控开关电路基本原理及演示操作；
2. 声光控制楼梯灯电路的制作和调试。

 知识

1. 光控开关电路原理

在光控开关的信号采集电路中，通过使用光敏电阻（RG）作为光控传感器实现对光源的采集，然后通过电压比较器 LM311 对信号进行处理，并将其输入单片机，单片机通过逻辑运算，把指令输出到相关的 I/O 口去驱动外围设备的开与关，即实现对蜂鸣器和 LCD 显示屏的控制。

LM311 是一款高灵活性的电压比较器，能工作于 5～30V 单电源或±15V 双电源下，其引脚封装结构如图 1-3-1 所示。当 2 脚电压大于 3 脚电压时，7 脚输出高电平；当 3 脚电压大于 2 脚电压时，7 脚输出低电平。

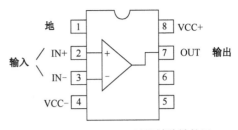

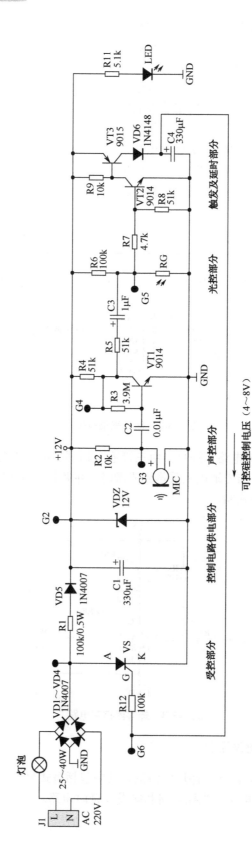

图 1-3-4 声光控制楼梯灯电路图

① 220V 交流电经整流（VD1～VD4）、滤波（C1）、稳压（VDZ）后输出 12V 电压为声光控制电路供电。

② 当外部环境中有声音发出时，MIC（驻极体话筒）的"+"端（G3）将输出交流音频信号，该电信号经 VT1 放大后，从 R5、C3 端耦合输出。

③ 放大的电信号经 R7 与 R8 分压后送至 VT2 和 VT3，若电信号达到 VT2 的导通电压，则 VT2 导通，VT3 也导通。

④ VT3 饱和导通后，+12V 电源经 VD6 对电容 C4 充电，当 C4 充电电压达到 4～8V 时，可控硅被触发而导通，灯泡点亮。

⑤ 随着电容 C4 上的电压经导通的可控硅放电，C4（G6）电压将慢慢降低，当降低到 0.9V 以下时，该电压不足以维持可控硅继续导通，可控硅将截止，灯泡熄灭。直到下一次有声音时，C4 被重新充电才能再次导通。

⑥ C4 的电容量选择要合适，所充电压能维持可控硅导通 1 分钟左右，若增大或减小 C4 的电容量，可以延长或缩短灯泡点亮的时间。

⑦ 当白天有光照射时，光敏电阻 RG 具有较小的阻值，即使话筒接收到声音信号，也只会在 RG 上产生很小的压降，不能达到 VT2 的导通电压，VT2 和 VT3 截止，C4 无法充电，可控硅截止，灯泡不亮。

实训

光控开关实训板如图 1-3-5 所示。当无光照时，蜂鸣器响；当有光照时，蜂鸣器不响，从而实现光控开关的自动控制功能。

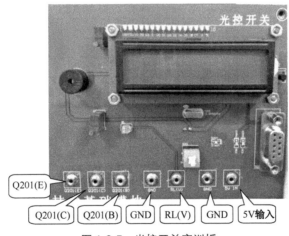

图 1-3-5　光控开关实训板

1. 光控开关电路效果演示

① 接上 5V 直流电源。

② 打开电源开关，测量光敏电阻的电压。当有光照射时，光敏电阻阻值变小，其两端

的电压较低，显示屏显示"Have Light"（有光）；当无光照射时（遮挡光敏电阻），光敏电阻阻值变大，其两端的电压增大，显示屏显示"No Light"（无光），此时蜂鸣器响。演示效果如图 1-3-6 所示。

（a）有光时的状态　　　　　　　　　　　　　（b）无光时的状态

图 1-3-6　光控开关演示效果图

2. 光控开关电路测试

在有光照和无光照的情况下，分别测试三极管的导通状态和光敏电阻的电压变化。

① 图 1-3-5 中的实训板有 3 个测试端，分别为 Q201(E)、Q201(C)和 Q201(B)。当有光时，三极管截止，蜂鸣器不响；反之，三极管导通，蜂鸣器响。测量三极管各极电压并填写表 1-3-1。

表 1-3-1　三极管各极电压测量结果

有光（Have a light）		无光（No light）	
测试端	测量值（V）	测试端	测量值（V）
Q201(E)		Q201(E)	
Q201(C)		Q201(C)	
Q201(B)		Q201(B)	

② 当有光照和无光照时，分别测量电压比较器 LM311 的 2 脚和 7 脚电压，并填入表 1-3-2 中。

表 1-3-2　LM311 引脚电压测量结果

有光（Have a light）		无光（No light）	
测试端	测量值（V）	测试端	测量值（V）
2 脚		2 脚	
7 脚		7 脚	

③ 当有光照和无光照时，分别测量光敏电阻 RG 两端的电压，并填入表 1-3-3 中。

表 1-3-3　光敏电阻测量结果

有光（Have a light）		无光（No light）	
测试端	测量值（V）	测试端	测量值（V）
RG		RG	

思考： 光敏电阻与光照强度有何关系？

3. 声光控制楼梯灯电路的制作与调试

（1）实训准备

焊接工具有电烙铁、吸锡器、烙铁架、松香、焊锡丝和实训台等，测量器材有万用表、稳压电源等，辅助工具有连接导线、螺丝刀等。

声光控制楼梯灯电路材料清单见表 1-3-4。

表 1-3-4　声光控制楼梯灯电路材料清单

序　号	材 料 名 称	数　量	位 置 标 识	规格或型号
1	整流二极管	4	VD1～VD4	IN4007
2	单向可控硅	1	VS	MCR100-6
3	三极管	2	VT1，VT2	9014
4	三极管	1	VT5	9015
5	二极管	1	VD5	IN4007
6	二极管	1	VD6	IN4148
7	稳压二极管	1	DWZ	12V
8	驻极体话筒	1	BM	54+2DB
9	光敏电阻	1	RG	625A
10	发光二极管	1	LED1	直插式（红光）
11	电阻	3	R1，R6，R12	100k/0.5W
12	电阻	2	R2，R9	10k
13	电阻	1	R3	3M9
14	电阻	3	R4，R5，R8	51k
15	电阻	1	R7	4k7
16	电阻	1	R11	5k1
17	电解电容	2	C1，C4	330μF
18	电解电容	1	C2	0.01μF
19	电解电容	1	C3	1μF
20	万能电路板	1		5cm×7cm
21	跳线			

（2）电路制作与调试

按照图 1-3-4 所示声光控制楼梯灯电路图进行安装，将所有元器件安装在一块 5cm×7cm 的万能电路板上，并将其装在白炽灯灯座中。

电路制作完毕并检查确认无误后，即可进行调试。为确保安全，可先用直流稳压电源对电路进行调试，检查声控、光控及触发与延时是否正常，具体方法如下。

① 将直流稳压电源调至+12V，接于 G2 测试点和地之间，不接 220V 交流电源和灯泡，用万用表测量 G4 测试点电压，静态时约为 3V，然后对话筒吹气，若电压明显跳动增大，说明声控正常；否则，须仔细检查话筒及 VT1 周边元器件等是否装错。

② 测量 G5 测试点直流电压。在有强光，并且光敏电阻未被遮挡的情况下，该点电压几乎为 0V，并且不受声音控制。当用物体遮挡住光敏电阻的受光面后，G5 测试点电压应随着声音产生明显的跳动。

③ 测量 G6 测试点直流电压。初次测量前，先短接 C4 正、负极进行放电。随后在有强光且光敏电阻不受遮挡的情况下，对话筒吹气，此时 G6 测试点电压应维持在 0V，不受声音信号控制，说明光控电路起作用；然后对光敏电阻进行遮光，再次吹气，此时 G6 测试点电压应快速升高至 4V 以上，说明在声控信号作用下，触发信号已经产生。随着 C4 经可控硅放电，G6 电压开始缓慢下降，直至 0V，放电过程约为 1 分钟，若时间过长或过短，可调整 C4 的电容量以改变延时时间。

若上述 3 个测试点电压正常，则说明声控、光控及触发与延时电路装配无误。仔细检查确认桥式整流电路、可控硅控制电路及灯泡接线无误后，可接通 220V 交流电源进行测试。

声光控制楼梯灯电路接通 220V 交流电源后，灯泡应不亮，而发光二极管指示灯亮。随后对光敏电阻进行遮光，并发出声音，灯泡应点亮，同时指示灯熄灭，约 1 分钟后灯泡应自动熄灭，指示灯则再次点亮，说明整个电路装配成功。声光控制照明灯如图 1-3-7 所示。

（a）外部　　　　　　　　　　　　（b）内部

图 1-3-7　声光控制照明灯

测量不同状态下电路中各测试点的电压并将结果填入表 1-3-5 中。

表 1-3-5　测试不同状态下测试点电压的测量结果

测试点	灯泡熄灭时	灯泡点亮时
G1（V）		
G2（V）		
测试点	有声时	无声时
G3（V）		
G4（V）		
测试点	强光时	无光时
G5（V）		
G6（V）		

4．声光控制楼梯灯电路的日常维护

在日常生活中，声光控制楼梯灯经过一段时间的使用后，容易出现灯泡不亮或灯泡常亮等故障现象。通过对电路中各关键点的电压进行测量，并与正常值进行比较，通常可以迅速排除故障。

（1）灯泡不亮

主要原因有可控硅开路损坏、话筒失效、稳压二极管击穿短路、三极管出现开路损坏等。

（2）灯泡常亮，无法熄灭

主要原因有可控硅击穿短路、三极管 VT2 或 VT3 的 C 极与 E 极击穿短路、桥式整流二极管中的一只或多只击穿短路等。

在光控电路中，核心元件光敏电阻的损坏率相对较低，因此光控部分出现故障的概率较低。对于光敏电阻，主要测量它在被遮光和不遮光两种状态下的电阻值，若有明显区别则表明正常，否则表明其性能变差或损坏。

 考核

	任务考核内容	标准分值	自我评分分值×50%	教师评分分值×50%
	任务计划阶段			
	实训任务要求	10		
	任务执行阶段			
专业知识与技能	熟悉电路连接	10		
	实训效果展示	10		
	理解电路原理	10		
	实训设备使用	10		
	任务完成阶段			
	元器件检测及装配	10		
	实训数据测量	10		
	实训结果	10		
职业素养	规范操作（安全、文明）	5		
	学习态度	5		
	合作精神及组织协调能力	5		
	交流总结	5		
	合计	100		
学生心得体会与收获：				
教师总体评价与建议：				
			教师签名：	日期：

任务四 声光报警电路制作与检测

声光报警器是为了满足客户对报警响度和安装位置的特殊要求而设置的。声光报警器通常应用在危险场所，通过声音和各种光来向人们发出示警信号。当生产现场发生事故或火灾等紧急情况时，声光报警电路将会启动，发出声光报警信号。

任务目标 ·⊕

知识目标

1. 了解红外发射与接收的特性和应用；
2. 理解声光报警器的工作原理。

技能目标

1. 熟悉声光报警电路的演示操作；
2. 掌握红外感应报警电路的组装与调试方法；
3. 学会利用万用表测量声光报警电路参数。

任务内容 ·⊕

1. 红外感应报警电路基本原理及演示操作；
2. 红外感应报警电路的制作和调试。

 知识

1. 声光报警电路原理

声音传感器的作用相当于一个话筒（麦克风）。它用来接收声波，显示声音的振动图像。该传感器内置一个对声音敏感的电容式驻极体话筒。声波使话筒内的驻极体薄膜振动，导致电容变化，从而产生与之对应的变化的微小电压，该电压经三极管放大并处理后，输入单片机 P3.3 脚，单片机采集电信号后，通过逻辑运算，把指令输出到相关的 I/O 口去驱动报警器和指示灯。声音信号采集电路如图 1-4-1 所示。

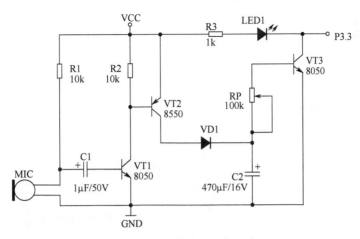

图 1-4-1　声音信号采集电路

2. 简易红外感应报警电路原理

　　红外感应报警器也称光电报警器，由红外感应电路、集成运放电路和放大电路组成。红外感应报警电路原理图如图 1-4-2 所示。红外感应电路主要由红外发射管 D1 和红外接收管 D2 组成，集成运放电路主要由 LM358 组成，放大电路主要由三极管 VT1 和 VT2 组成。

　　电路接入 5V 电源，红外发射管 D1 导通，发出红外光，如果无物体反射红外光到红外接收管 D2，则红外接收管 D2 处于截止状态。红外接收管 D2 负极为高电平（约 5V），因此，LM358 的 3 脚为高电平。LM358 的 2 脚电压取决于可调电阻 RP，调节可调电阻 RP 使 LM358 的 2 脚电压约为 2.5V，此时 LM358 的 3 脚电压大于 LM358 的 2 脚电压。当同相输入端（IN1+）电压大于反相输入端（IN1−）电压时，LM358 的 1 脚就会输出高电平，使三极管 VT1、VT2 截止，蜂鸣器 LS 不响，发光二极管 D3 熄灭。

　　当有物体进入红外发射区域时，物体将红外光反射到红外接收管 D2 上，D2 导通使其负极的电压下降，即 LM358 的 3 脚电压降低。若 LM358 的 3 脚电压低于 2 脚电压，LM358 的 1 脚就会输出低电平，使三极管 VT1 和 VT2 导通，蜂鸣器 LS 发声报警，发光二极管 D3 点亮，从而实现声光报警。

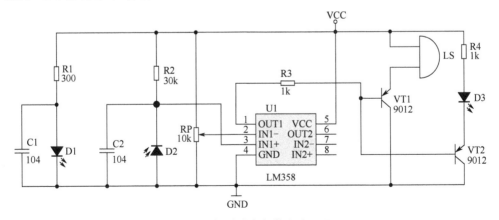

图 1-4-2　红外感应报警电路原理图

实训 ──────────────────────────────────

声光报警器实训板如图 1-4-3 所示。它包括信号采集模块、状态显示模块、电路电源输入端和报警器的电源输入与输出端等部分。

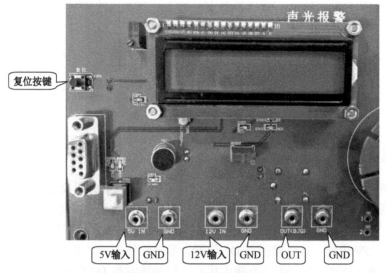

图 1-4-3　声光报警器实训板

1. 声光报警器的连接与演示

实训操作步骤如下。

① 接上 5V 直流电源，为单片机控制电路供电。

② 再接上 12V 直流电源为声光报警器电路供电，并在电路输出端（OUT）连接报警装置，如图 1-4-4 所示为专用报警器。

图 1-4-4　专用报警器

③ 按下电源开关，当没有声音时，指示灯亮，声光报警器不工作，同时液晶显示屏显示"Test：No voice"，如图 1-4-5 所示。

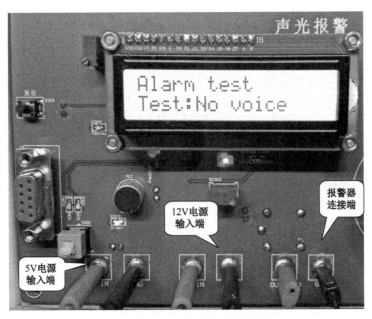

图 1-4-5　不工作时的电路状态

④ 当提供一个声音信号给声音采集器后，声光报警器发出响声，指示灯点亮，并保持一段时间后自动熄灭，同时液晶显示屏显示"Test：A voice"，如图 1-4-6 所示。

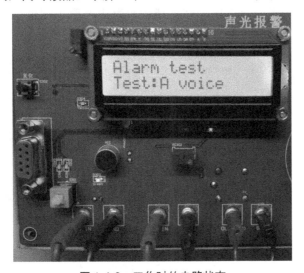

图 1-4-6　工作时的电路状态

⑤ 通过调节可调电阻可以改变信号采集的灵敏度。

2. 红外感应报警电路的制作与调试

（1）实训准备

焊接工具有电烙铁、吸锡器、烙铁架、松香、焊锡丝和实训台等，测量器材有万用表、稳压电源、示波器等，辅助工具有导线、螺丝刀等。

红外感应报警电路所需材料清单见表 1-4-1。

表 1-4-1   红外感应报警电路材料清单

序　号	材料名称	数　量	位 置 标 识	规　　格
1	电阻	1	R1	300
2	电阻	1	R2	30k
3	电阻	2	R4，R5	1k
4	电容	2	C1，C2	104
5	电位器	1	RP	10k(103)
6	红外发射管	1	D1	5mm
7	红外接收管	1	D2	5mm
8	发光二极管	1	LED	3mm
9	蜂鸣器	1	LS	有源 5V
10	三极管	2	VT1，VT2	9012
11	集成运放	1	IC1	LM358
12	IC 座	1		DIP8P
13	万能电路板	1		玻纤板 7cm×9cm
14	单排针	3		1×4PIN2.54mm

（2）电路组装与调试

焊接安装红外感应报警电路前，要了解红外感应报警电路的组成，掌握电路工作原理，以便正确安装。按图 1-4-2 所示红外感应报警电路原理图进行装配，元器件布局参考图 1-4-7 所示的红外感应报警电路实物图。

图 1-4-7   红外感应报警电路实物图

在确保所有元器件工作正常并正确安装，没有漏焊、假焊、脱焊的情况下，即可运行调试。

首先用黑电胶布把红外发射管和红外接收管包好，只留出顶端，如图 1-4-7 所示。

然后接入 5V 直流电压，调节 RP 的阻值，使 LM358 的 2 脚电压小于 LM358 的 3 脚电压。

当感应到物体时，电路工作，用万用表测量 LM358 的 1、2、3 脚电压；当没有感应到物体时，电路不工作，再次用万用表测量 LM358 的 1、2、3 脚电压。将测量结果填入表 1-4-2 中。

表 1-4-2 LM358 引脚电压测量结果

状　态	1 脚电压（V）	2 脚电压（V）	3 脚电压（V）
感应到物体			
没有感应到物体			

思考： 调节电位器 RP 的阻值，蜂鸣器一直不报警，请说明原因。

 考核

任务考核内容		标准分值	自我评分分值×50%	教师评分分值×50%
专业知识与技能	任务计划阶段			
	实训任务要求	10		
	任务执行阶段			
	熟悉电路连接	10		
	实训效果展示	10		
	理解电路原理	10		
	实训设备使用	10		
	任务完成阶段			
	元器件检测及装配	10		
	实训数据测量	10		
	实训结果	10		
职业素养	规范操作（安全、文明）	5		
	学习态度	5		
	合作精神及组织协调能力	5		
	交流总结	5		
合计		100		

学生心得体会与收获：

教师总体评价与建议：

教师签名：　　　　　日期：

任务五 光电转速计的检测

光电转速计主要由被测旋转部件、反光片（或反光贴纸）、反射式光电传感器组成。采用光电传感器进行转速测量，把被测量的变化转变为信号的变化，借助光电元器件将光信号转换成电信号。光电转速计是日常生活中比较重要的计量仪表之一，广泛应用于发动机、电动机等旋转设备的试验、运转和控制中。

任务目标

知识目标

1. 了解反射式红外光电传感器、直流电动机的特性；
2. 理解光电转速计的工作原理。

技能目标

1. 熟悉光电转速计电路的演示操作；
2. 掌握光电转速计电路的调试方法；
3. 学会利用万用表测量光电转速计电路参数。

任务内容

1. 光电转速计电路基本原理及演示操作；
2. 光电转速计电路的调试与检测。

 知识

光电转速计系统主要包含电动机控制模块、光电检测模块、数据处理及显示模块，通过信号采集、信号滤波、整流、稳压、放大等一系列处理，将信号转换为可以被单片机识别和处理的高低电平脉冲信号，利用单片机对信号的计数及显示处理，使 LCD1602 显示屏能够直接显示出电动机的转速。

信号采集电路通过反射式红外光电传感器 ST188 对信号进行采集。ST188 同时具有发射器和接收器，发射器将电信号转换为光信号射出，接收器再根据接收到的光线的强弱或有无对目标物体进行探测。传感器探测到信号后，经过 LM311 进行电压比较，并把信号输送到单片机 P3.3 脚，如图 1-5-1 所示。

当发射器没有被物体挡住光线时，接收器截止，电压比较器 LM311 的 2 脚电压比 3 脚电压大，7 脚输出高电平；当发射器被物体挡住光线时，接收器导通，电压比较器 3 脚电压比 2 脚电压大，7 脚输出低电平。7 脚输出的电信号被送到单片机 P3.3 脚。单片机采集电信号后，经过计数和逻辑运算，得出电动机的转速。

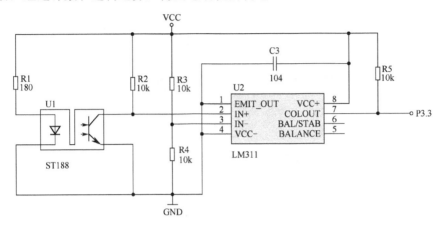

图 1-5-1 信号采集电路

 实训

光电转速计电路实训板如图 1-5-2 所示。它主要包括三大模块，分别为电动机控制模块、光电检测模块、数据处理及显示模块。

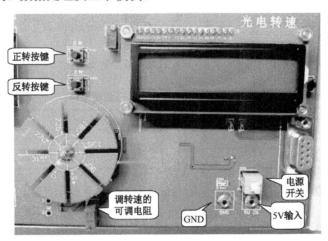

图 1-5-2 光电转速计电路实训板

1. 光电转速计的连接与演示

操作步骤如下。

① 接上 5V 直流电源，按下电源开关后电动机转动，通过调节可调电阻改变电动机的转速，显示屏会自动显示电动机的转速（单位为 r/s）和行程（单位为 km）。

② 按下正转和反转按键可实现电动机的正反转。

③ 按下复位按键可以使电动机停止运转，并重新开始计数。光电转速计运行效果图如图 1-5-3 所示。

图 1-5-3　光电转速计运行效果图

2. 光电转速计的测试

① 如图 1-5-4 所示为电动机转叶与红外对管装置。参照图 1-5-1，在电动机的转叶没挡住红外对管及电动机的转叶挡住红外对管的情况下，使用万用表分别测出集成运放 LM311 的 2 脚、3 脚和 7 脚电压，并将测量结果填入表 1-5-1 中。

图 1-5-4　电动机转叶与红外对管装置

表 1-5-1　LM311 引脚电压测量结果

状　态	2 脚电压（V）	3 脚电压（V）	7 脚电压（V）
红外对管被挡住			
红外对管未被挡住			

② 使用示波器 CH1 探头连接电压比较器 LM311 的 7 脚，随着电动机的正转转速从零逐渐增大，观察 7 脚输出的信号波形及电压变化情况，并测出不同转速下的信号周期和频率，将相关数据填入表 1-5-2 中。

表 1-5-2　LM311 输出端信号周期和频率

电动机正转转速（r/s）	周期（s）	频率（Hz）
5		
10		
20		

思考：把图 1-5-1 中的信号采集电路改成图 1-5-5 所示电路后能否正常工作？若能，它

将如何工作?

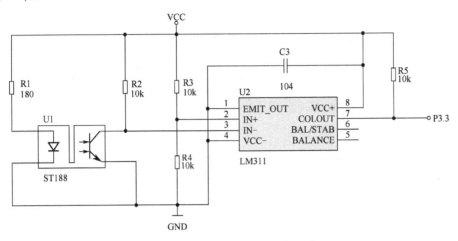

图 1-5-5　改动后的信号采集电路

 考核

	任务考核内容	标准分值	自我评分分值×50%	教师评分分值×50%
专业知识与技能	任务计划阶段			
	实训任务要求	10		
	任务执行阶段			
	熟悉电路连接	10		
	实训效果展示	10		
	理解电路原理	10		
	实训设备使用	10		
	任务完成阶段			
	电路检测	10		
	实训数据测量	10		
	实训结论	10		
职业素养	规范操作（安全、文明）	5		
	学习态度	5		
	合作精神及组织协调能力	5		
	交流总结	5		
	合计	100		
学生心得体会与收获：				
教师总体评价与建议：				
			教师签名：	日期：

项目二

LED 室内照明灯具的组装与测试

LED 室内照明灯具主要有 LED 日光灯、LED 吸顶灯、LED 筒灯、LED 球泡灯及 LED 灯带等，外形丰富，种类繁多。如今，LED 照明灯具在室内照明工程中的应用已经非常普遍，其不仅具有照明的作用，更具有装饰的作用。

任务一　LED 日光灯的组装与调试

LED 日光灯是人们生活中常用的一种灯具，因其柔和的灯光而被广泛应用于商场、超市、生产车间、学校教室及家庭等室内照明场所。

任务目标

知识目标

1. 了解 LED 日光灯的结构特点和基本原理；
2. 掌握 LED 日光灯的驱动方式及 LED 灯串的连接方式。

技能目标

1. 掌握 LED 日光灯的制作步骤；
2. 掌握 LED 日光灯的参数测量方法。

任务内容

1. 焊接、组装 LED 日光灯；
2. 测量 LED 日光灯的电气参数。

知识

1．LED 照明灯具的原理

LED 灯具安装模块中提供的 LED 日光灯、LED 筒灯、LED 吸顶灯都属于常用的室内照明灯具，其内部主要由驱动电源和 LED 灯串组成。

LED 驱动电源的作用是将交流电源转换为特定的电流和电压以驱动 LED 灯珠。多个 LED 灯珠以一定的串、并联方式安装在玻纤板或铝基板上，接通 220V 交流市电后，经驱动电源的转换，输出恒定电流驱动 LED 灯珠发光。

由于 LED 日光灯、LED 筒灯、LED 球泡灯的应用场合有所不同，因此它们的外形、结构也各有特点。如图 2-1-1 所示为常用的 LED 照明灯具。

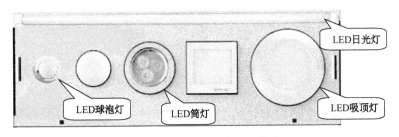

图 2-1-1　常用的 LED 照明灯具

2．LED 日光灯的结构

由于 LED 日光灯在原理和结构上都与传统荧光灯差别很大，因此它的外部接线方式也与传统荧光灯不同，需要采用驱动电路。但单从外形上看，LED 日光灯和传统荧光灯相差不大。图 2-1-2 是 LED 灯具安装模块中提供的 LED 日光灯外观图及接线示意图。

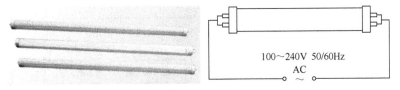

100～240V 50/60Hz
AC

图 2-1-2　LED 日光灯外观图及接线示意图

LED 日光灯通常将恒流驱动电源内藏于灯管中，所以外部只需接入 85～265V 交流电源。

将 LED 日光灯管从灯具模块上取下，拧开灯管两端的堵头，可以很容易地对其进行拆卸和分解。分解后可以看到，LED 日光灯由驱动电源、灯板、PC+散热铝灯罩、堵头几部分组成，如图 2-1-3 所示。

LED 灯管中的每个部件都可以拆除，其中任何一个部件损坏，都可以维修或更换。而且灯管中的所有材料都可以回收再利用，非常环保。按类似的方法可将模块中的 LED 筒灯、吸顶灯等灯具逐一拆解。

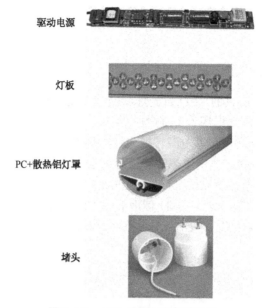

驱动电源

灯板

PC+散热铝灯罩

堵头

图 2-1-3　LED 日光灯各组成部分

　　本模块中提供的 LED 日光灯管样品，其灯板由 144 个 ϕ5mm 的 LED 草帽灯混联而成，采用 4 并 36 串（4 个灯珠并联成 1 组，然后 36 组串联）的连接形式。驱动电源为成品模组。图 2-1-4 为该 LED 日光灯管的电路结构。

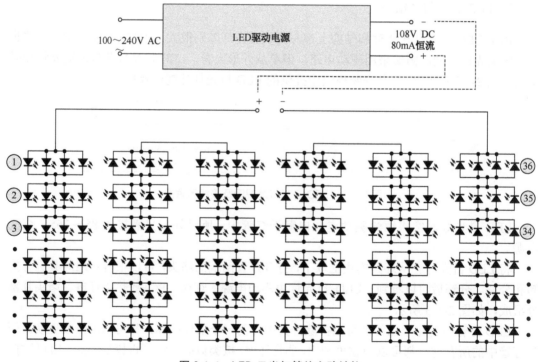

图 2-1-4　LED 日光灯管的电路结构

　　电路采用的 LED 灯珠工作电流 I_F 为 20mA，正向工作电压 V_F 为 3V。4 个同型号的 LED 灯珠并联，需要的驱动电流为 20mA×4= 80mA；36 级串联，则需要的电压大约为 3V×

36=108V。由此可知，该 LED 日光灯管驱动电源输出的恒定电流应为 80mA，输出电压不应低于 108V。

3．LED 日光灯的特点

LED 日光灯是国家绿色节能 LED 照明市场工程重点开发的产品之一，相比白炽灯可节能 80%以上，寿命为传统荧光灯的几倍，不存在经常更换灯管、镇流器、启辉器的问题，同时具有启动快、功率小、无频闪、不容易引起视觉疲劳等优点，不但节能效果显著且更为环保，是有利于视力保护及身体健康的绿色环保型半导体光源。

4．LED 日光灯的灯珠简介

LED 日光灯采用的灯珠通常有草帽灯和贴片灯珠两种。草帽灯是直插式 LED 灯珠的俗称，因其外形像草帽而得名，如图 2-1-5 所示。

图 2-1-5 草帽灯及采用草帽灯的 LED 日光灯

贴片灯珠及相应的日光灯如图 2-1-6 所示。常用的贴片灯珠有 3528、5050 等型号。

图 2-1-6 贴片灯珠及采用贴片灯珠的日光灯

 实训

1．观察 LED 照明灯具的发光情况

分别将 LED 灯具安装模块中提供的 LED 日光灯、LED 球泡灯、LED 筒灯、LED 吸顶灯等接通 220V 交流电源，观察它们的发光特点。

① 通电后，首先用肉眼观察各种 LED 照明灯具的发光效果，并与普通荧光灯、节能灯的发光效果进行对比。

② 透过手机或数码相机的摄像头，观察液晶屏幕上处于发光状态的 LED 照明灯具、普通荧光灯、节能灯的频闪情况。

③ 根据观察到的几类灯具发光时频闪情况的异同，填写表 2-1-1。

表 2-1-1　LED 照明灯具与普通荧光灯、节能灯的发光对比

	肉眼观察时	透过摄像头观察时
普通荧光灯、节能灯与 LED 照明灯具频闪情况的异同		

2. LED 日光灯的制作与调试

（1）实训准备

任务所需设备和材料有 LED 灯具安装模块、LED 日光灯套件、万用表、恒温电烙铁、斜口钳、防静电手环、焊锡丝等。LED 日光灯材料清单见表 2-1-2。

表 2-1-2　LED 日光灯材料清单

序　号	材料名称	数　量	单　位	规　格
1	LED 灯珠	144	颗	ϕ5mm，I_F=20mA，V_F=3V，正白光
2	LED 驱动电源	1	个	80mA，108V
3	灯板	1	块	56cm×2cm，PCB
4	堵头	2	个	T8 规格
5	PC 灯罩	1	条	T8 正圆乳白 PC 材料（塑料）
6	散热铝灯罩	1	条	T8 规格正圆铝材

（2）实训步骤

① 组装前的防静电注意事项。

LED 属于半导体元器件，特别容易受静电感应而损坏。在焊接组装 LED 日光灯前，做好静电防护十分重要。有条件的情况下，应尽量使用防静电烙铁台进行焊接，工作台面应铺设防静电台垫，操作者应佩戴带接地夹的防静电手环，穿着防静电工作服等。

② 检测 LED 灯珠质量。

将指针式万用表置于 $R\times10k$ 挡，检查每个 LED 灯珠是否能正常发光，剔除不合格的 LED 灯珠，如图 2-1-7 所示。

③ 检测 PCB 灯板。

用万用表的 $R\times1$ 挡检测 PCB 灯板覆铜面的各条相邻线路是否有相通短路的现象。如果短路，必须找出短路点，用美工刀等工具将短路铜箔处割断，排除短路，否则可能造成严重漏电或短路的危险。若在灯珠装配完成后再进行排查，将比较麻烦。

④ 焊接 LED 灯珠。

将经过检测后质量完好的 LED 灯珠平整地插装到灯板上并进行焊接。插装时务必保证灯珠正负极性正确，切不可插反。所有灯珠均应贴板安装。在每个灯珠焊接完成后，

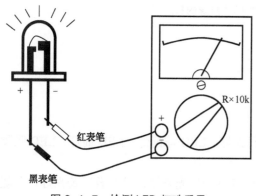

图 2-1-7　检测 LED 灯珠质量

用斜口钳将灯珠引脚剪切到合适的长度，如图 2-1-8 所示。

图 2-1-8　焊接后的 LED 灯珠

⑤ 检测焊接质量。

焊完 144 个 LED 灯珠后，应仔细检查每个 LED 灯珠的焊接质量，检查是否有虚焊、假焊、铜箔翘起，以及是否有焊锡过多而造成短路的现象。如有以上情况，应及时进行修补处理，保证焊接的工艺与质量。

⑥ 连接 LED 驱动电源。

将 LED 驱动电源与灯板进行连接。驱动电源共有 4 条引出线，其中有两条黑色引线的一端为 220V 交流输入端，将这两条黑色引线焊接到灯板上的 220V 交流输入焊盘处，这两条引线不用区分极性；驱动电源另一端有 1 红 1 黑两条引线，此端为恒流输出端，将这两条引线分别焊接到灯板上标有"+"和"−"符号的焊盘处，红色引线焊到标有"+"符号的焊盘处，黑色引线焊到标有"−"符号的焊盘处，切不可焊反。具体连接如图 2-1-9 所示。

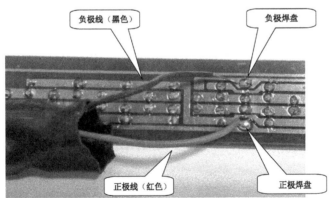

图 2-1-9　LED 驱动电源与灯板的连接

⑦ 焊接堵头。

220V 交流电源由灯管两端的堵头引入，每个堵头各有一条白色引出线，分别将这两条引线焊接到灯板两端对应的焊盘上，如图 2-1-10 所示。至此，所有焊接工作均已完成。

⑧ 组装前的通电检测与参数测量。

用电源线将 220V 交流电源的火线和零线分别接到新安装 LED 灯板两端堵头的针脚上，接通 220V 电源，观察 LED 灯板上的所有灯珠是否都能正常发光。如 LED 灯珠不能正常发光，应在断电后及时查找故障原因，并排除故障。特别提示：在进行此项检测时，应注意用电安全，谨防触电。

图 2-1-10　堵头与灯板的连接

在确保所有 144 个 LED 灯珠都能正常发光后，用万用表测量驱动电源的输出电流、输出电压这两个主要参数，然后计算该驱动电源的输出功率，将结果填入表 2-1-3 中。

表 2-1-3　LED 日光灯的参数测量结果

	测　量　值	计　算　值
驱动电源输出电压（V）		
驱动电源输出电流（mA）		
驱动电源输出功率（W）		

⑨ 整灯组装。

参数测量完成后可进行外壳的安装。首先将灯板与套好热缩管的驱动电源板同时推入散热铝灯罩的卡槽中，如图 2-1-11（a）所示；灯板安装到位后，再将 PC 灯罩推入散热铝灯罩的外侧卡槽中，如图 2-1-11（b）所示；最后，固定灯管两端的堵头，如图 2-1-11（c）所示，即完成 LED 日光灯的组装。

（a）将灯板推入散热铝灯罩的卡槽中　　（b）将 PC 灯罩推入散热铝灯罩的外侧卡槽中

（c）固定灯管两端的堵头

图 2-1-11　LED 日光灯外壳的安装

⑩ 观察效果。

取下 LED 照明模块中的原 LED 日光灯管样品，将新安装的 LED 日光灯管装到灯座上，接通电源，观察日光灯通电发光效果，如图 2-1-12 所示。

图 2-1-12　LED 日光灯发光效果图

 考核

任务考核内容		标准分值	自我评分分值×50%	教师评分分值×50%
		任务计划阶段		
专业知识与技能	实训任务要求	10		
		任务执行阶段		
	熟悉电路装配	10		
	实训效果展示	10		
	理解电路原理	10		
	实训设备使用	10		
		任务完成阶段		
	元器件检测	10		
	实训数据测量	10		
	实训结论	10		
职业素养	规范操作（安全、文明）	5		
	学习态度	5		
	合作精神及组织协调能力	5		
	交流总结	5		
	合计	100		
学生心得体会与收获：				
教师总体评价与建议： 　　　　　　　　　　　　　　　　　　教师签名：　　　　日期：				

任务二 LED 吸顶灯的组装与测试

LED 吸顶灯是一种安装在天花板上的灯具，上部较为扁平，如同吸附在天花板上，这种紧凑的结构使 LED 吸顶灯能应用在有限的空间中。对应于不同的室内空间，LED 吸顶灯的样式也是多种多样，是人们生活中必不可少的照明灯具之一。

任务目标 ⊕

知识目标

1. 了解 LED 吸顶灯灯珠的连接方式；
2. 掌握 LED 吸顶灯的组成结构和安装方法。

技能目标

1. 掌握 LED 吸顶灯的组装方法；
2. 掌握 LED 吸顶灯的检测和维修方法。

任务内容 ⊕

1. LED 吸顶灯的组装；
2. LED 吸顶灯电气参数的测量。

知识

1. LED 吸顶灯简介

目前，市场上有多种样式的 LED 吸顶灯，款式新颖、价廉物美，如图 2-2-1 所示。LED 吸顶灯能够很方便地替代传统吸顶灯，同时 LED 灯珠的体积相对于荧光灯管要小得多，整体构造可以做得更小，使 LED 吸顶灯能够节省更多的空间。LED 吸顶灯适用范围广泛，可应用于商场、银行、医院、宾馆、家庭及其他各种需要长时间照明的场所。

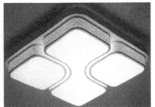

图 2-2-1　各类 LED 吸顶灯

2．LED 吸顶灯的结构

LED 吸顶灯的样式多种多样，但它们的结构都是相似的，也比较简单。如图 2-2-2 所示为实训所用 LED 吸顶灯。

LED 吸顶灯主要由驱动电源、底座、散热器（部分 LED 灯具不带散热器）、LED 灯板及灯罩组成。

驱动电源一般安装在底座内或者贴近底座，能够将家用交流电转换为适合 LED 电路板正常工作的直流电，为整个灯具提供能量来源的转换，图 2-2-3 为 LED 吸顶灯驱动电源。从驱动电源的出厂商标可知：表示灯具的交流电

图 2-2-2　LED 吸顶灯

源输入端，连接 220V 市电给灯具供电；表示驱动电源直流输出端（负载端），连接 LED 灯串，区分正负极性；
"INPUT：AC170～265V 50Hz"表示输入为频率 50Hz、电压 170～265V 的交流电；
"OUTPUT：20mA"表示驱动电源输出 20mA 的恒定电流，即该驱动电源为恒流驱动电源。
如图 2-2-4 所示为 LED 吸顶灯驱动电源构造。

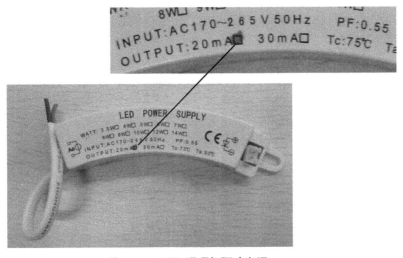

图 2-2-3　LED 吸顶灯驱动电源

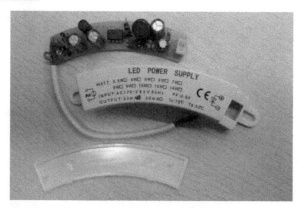

图 2-2-4　LED 吸顶灯驱动电源构造

　　LED 吸顶灯的底座一般连接在天花板上，为整个灯具提供支撑定位，图 2-2-5 显示了灯具底座的正反面。

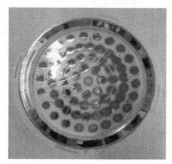

图 2-2-5　灯具底座

　　散热器的作用是将 LED 吸顶灯工作时产生的热量散发出去。

　　灯罩能够过滤 LED 吸顶灯发出的光，使灯光更加均匀柔和，利于护眼。灯罩如图 2-2-6 所示。

图 2-2-6　灯罩

　　LED 灯板是光的来源，包括 PCB 铝基板和 LED 灯珠，LED 灯珠通过基板电路有规律地排列组合成一个整体。图 2-2-7 为实训所用 LED 灯板实物图，图 2-2-8 为 LED 灯板电路结构图。

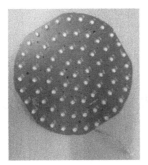

图 2-2-7　LED 灯板实物图

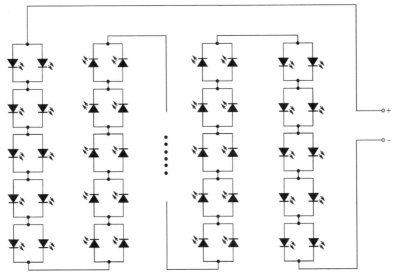

图 2-2-8　LED 灯板电路结构图

 实训

1. LED 吸顶灯的制作与组装

（1）实训准备

实训前准备好实训材料，并检查是否缺漏。实训任务所需设备和耗材有 LED 吸顶灯套件、万用表、恒温电烙铁、松香、焊锡丝、斜口钳、防静电手环等。表 2-2-1 为 LED 吸顶灯套件材料清单。

表 2-2-1　LED 吸顶灯套件材料清单

序　号	材 料 名 称	数　量	单　位	型号或规格
1	LED 灯珠	74	颗	ϕ5mm，I_F=20mA，V_F=3V，正白光
2	LED 驱动电源	1	个	40mA
3	灯板	1	块	14cm×14cm PCB
4	底座	1	个	塑料
5	灯罩	1	个	乳白 PC 塑料

（2）实训步骤

① 制作注意事项。

在用到市电的相关操作过程中，要注意自身安全问题，避免与市电直接接触，保护自身安全。

在使用电烙铁的过程中要避免被高温的烙铁头烫伤，同时对 LED 灯珠的焊接时间不宜过长，否则会对元器件造成损坏。

操作时要有防静电保护措施，避免元器件受静电损坏，可以利用防静电手环将静电导入地中。

② LED 灯板的制作。

分辨 LED 灯珠的极性，将完好的 LED 灯珠按照正确的方向平整地插入灯板中，压低安装并焊接在灯板上，注意焊点要光亮饱满，不能出现虚焊、脱焊、连焊等情况，灯珠应均匀分布、高度一致。

③ LED 灯板的连接与检测。

驱动电源输入端（AC 端）连接电源线，不分正负极性。驱动电源输出端（分正负端子）连接 LED 灯板，注意极性。通电检测灯板上的 LED 灯珠是否存在个别不亮或者明暗不同等现象，如有问题应进行维修，保证 LED 灯珠发光亮度均匀，无不良情况。

④ LED 吸顶灯的组装。

熟悉各组成部分的功能，并将它们组装成完整的 LED 吸顶灯。

⑤ LED 吸顶灯发光效果图如图 2-2-9 所示。

图 2-2-9　LED 吸顶灯发光效果图

2. LED 吸顶灯的电气参数测量

（1）测量 LED 吸顶灯驱动电源的输出电流

断开驱动电源连接 LED 灯板的一端，将万用表拨到直流电流挡，再串联接入电路中，测量 LED 灯板正常发光时的电流大小，并测量 LED 灯板单个 LED 灯珠工作电流。将测量数据填入表 2-2-2 中。

注意万用表挡位的选择及用电安全。

（2）测量 LED 吸顶灯驱动电源的输出电压

使用万用表，选择正确量程后，将万用表并联接至驱动电源连接 LED 灯板的两端，测量整个 LED 灯板正常发光时的工作电压，并测量 LED 灯板单个灯珠工作电压。将测量数据填入表 2-2-2 中。

（3）计算 LED 吸顶灯的功率

根据测量出的输出电流和电压，按计算公式 $P=UI$ 计算功率，将计算结果填入表 2-2-2 中。

表 2-2-2　LED 吸顶灯的参数测量结果

整 体 测 试	实 测 值	单 个 灯 珠	实 测 值
驱动电源输出电流		工作电流	
驱动电源输出电压		工作电压	
驱动电源输出功率		灯珠功率	

思考：① 如何测量 LED 吸顶灯整体消耗功率？

② LED 吸顶灯的电源转换效率有多高？

 考核

任务考核内容		标准分值	自我评分分值×50%	教师评分分值×50%
专业知识与技能	任务计划阶段			
	实训任务要求	10		
	任务执行阶段			
	熟悉灯具结构	5		
	理解灯组连接方式	5		
	理解灯具各组成部分的作用	5		
	实训设备使用	5		
	任务完成阶段			
	元器件检测	5		
	元器件装配与焊接	10		
	灯具组装	15		
	电气参数测量	20		
职业素养	规范操作（安全、文明）	5		
	学习态度	5		
	合作精神及组织协调能力	5		
	交流总结	5		
	合计	100		
学生心得体会与收获：				
教师总体评价与建议：				
			教师签名：　　　　日期：	

任务三　LED 可调光筒灯的组装与测试

　　LED 可调光筒灯是室内照明灯具中的主流产品之一，它通过对灯光的调节达到改变空间氛围的效果。本任务通过对 LED 可调光筒灯相关知识的学习和实训，加深对 LED 室内照明灯具的认识。

任务目标 ⊕

知识目标

1. 了解 LED 可调光筒灯的调光原理；
2. 掌握 LED 可调光筒灯的结构特点和安装方法。

技能目标

1. 掌握 LED 可调光筒灯的安装方法；
2. 掌握 LED 可调光筒灯电气参数的测量方法。

任务内容 ⊕

1. LED 可调光筒灯的组装；
2. LED 可调光筒灯电气参数的测量。

知识

1. LED 可调光筒灯简介

　　目前 LED 筒灯有可调光和不可调光（固定光）两种类型，可调光筒灯一般采用分组（分段）的调光及调色方式来达到调光目的。LED 筒灯按外形结构又分为明装筒灯和暗装筒灯。室内照明用的 LED 筒灯一般使用暗装筒灯，即嵌入式筒灯，它是一种嵌入天花板内的光线下射式照明灯具，不占据室内空间，具有隐蔽性，光源被隐藏在建筑装饰内部，不外露，无眩光，不会在使用中产生压迫感，能产生温馨的效果；同时 LED 筒灯属于定向式照明灯具，光线较集中，聚光光束强，能够形成强烈的明暗对比，突出被照物体，更衬托出安静的环境气氛，视觉效果柔和、均匀。LED 筒灯一般安装在卧室、客厅、卫生间的天棚上。图 2-3-1 为各类 LED 筒灯。

图 2-3-1 各类 LED 筒灯

2. 调光原理

① 脉冲宽度调制（PWM）调光：将电源方波数字化，并控制方波的占空比，从而达到控制电流的目的。

② 恒流电源调控：用模拟线性技术线性调整电流的大小。

③ 分组调控：将多个 LED 灯珠分组，用简单的分组器调控，从而达到调光效果。

3. LED 可调光筒灯的结构

LED 可调光筒灯的样式多种多样，图 2-3-2 为实训所用 LED 灯具安装模块中的 LED 可调光筒灯。

图 2-3-2 LED 可调光筒灯

LED 可调光筒灯主要由 LED 灯板、驱动电源、灯壳、灯罩及散热器组成。

LED 灯板采用铝基板，有良好的散热效果，采用铝基板可保障 LED 灯具的使用寿命。灯板由两组灯珠组成，分别为正白光与暖白光，灯珠采用的是中功率贴片超高亮度发光二极管。通过控制灯组的亮灭及混合，达到调光的效果。图 2-3-3 为 LED 灯板实物图，图 2-3-4 为 LED 灯板电路图。LED 灯板通过粘接剂与散热片接触。

图 2-3-3 LED 灯板实物图

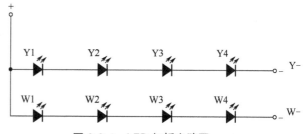

图 2-3-4 LED 灯板电路图

驱动电源一般是一个单独模块,通过接口端子与 LED 灯板连接,整个接口端子做防呆处理,避免出现反接的现象,驱动电源隐藏在天花板内。图 2-3-5 为 LED 可调光筒灯驱动电源实物图。其中,"INPUT:AC85~265V 50/60Hz"指驱动电源输入频率 50Hz 或者 60Hz、电压 85~265V 的交流电;"OUTPUT:300mA±5%"指驱动电源输出 300mA 的直流电,允许误差为±5%。图 2-3-6 为驱动电源内部结构图。

图 2-3-5 LED 可调光筒灯驱动电源实物图 图 2-3-6 LED 可调光筒灯驱动电源内部结构图

LED 可调光筒灯灯壳包括上壳、压圈和底座。图 2-3-7 为筒灯上壳,采用铝材料制作,表面经氧化处理,有利于散热和美观装饰,在上壳上有固定底座的拉钉或螺钉,两边各有一个弹簧夹,用来固定整个灯具。图 2-3-8 为压圈和底座,底座与散热器做成一体以简化设计,压圈旋转固定底座。

灯罩属于光学器件,灯罩的结构特点在很大程度上影响筒灯出光的效果。灯罩通常做成较薄、利于透光的结构,较厚则不利于透光和散热。图 2-3-9 为筒灯灯罩。

弹簧夹

拉钉或螺钉口

图 2-3-7 筒灯上壳

图 2-3-8　压圈和底座

图 2-3-9　筒灯灯罩

 实训

1．LED 可调光筒灯的制作与组装

（1）实训准备

实训前准备好实训材料，并检查是否缺漏。实训任务所需设备和耗材有 LED 可调光筒灯套件、万用表、恒温电烙铁、松香、焊锡丝、斜口钳、防静电手环等。表 2-3-1 为 LED 可调光筒灯套件材料清单。

表 2-3-1　LED 可调光筒灯套件材料清单

序　号	材　料	数　量	单　位	型号或规格
1	LED 灯珠	4	个	2835 灯珠，正白光
2	LED 灯珠	4	个	2835 灯珠，暖白光
3	灯板	1	块	45mm 铝制 PCB
4	LED 驱动电源	1	个	（3-5）×1W，300mA±5%
5	上壳	1	个	铝制
6	压圈	1	个	铝制
7	底座	1	个	铝制
8	灯罩	1	个	透光 PC 塑料
9	弹簧夹	2	个	
10	螺钉	2	个	
11	电源连接线	1	组	

（2）可调光筒灯 LED 灯板的焊接与制作

① 制作注意事项。

在用电操作过程中，要严格遵循相关的用电规则，保护自身安全。

在使用电烙铁的过程中要避免被高温的烙铁头烫伤，同时对 LED 灯珠的焊接时间不宜过长，否则会对元器件造成损坏。

在操作中要做好防静电保护，避免元器件受静电感应而损坏，可以利用防静电手环将静电导入地中。

② LED 灯板的焊接。

确定两组灯珠的放置位置，避免放错造成调光效果的混乱；测试灯珠的好坏并分辨 LED 灯珠的极性，将完好的 LED 灯珠贴片安装在灯板上，注意焊点要光亮饱满，不能出现虚焊、脱焊、连焊等情况，灯珠应均匀分布。

将电源连接线按正确的顺序焊接在灯板上，黄色线焊接在 "W-" 焊点上，白色线焊接在 "Y-" 焊点上，红色线焊接在公共焊点上。

③ LED 灯板的连接与检测。

驱动电源输入端（AC 端）连接电源线，不分正负极性，驱动电源输出端连接 LED 灯板的电源端，上电后 LED 灯串发光。通过开关的通断切换检测，可知调光和调色顺序依次为正白光（4 个正白光 LED 灯珠亮）、暖白光（4 个暖白光 LED 灯珠亮）及混合暖白光（8 个灯珠全亮）。

（3）LED 可调光筒灯的组装

将 LED 灯板电源连接线穿过底座，使用粘接剂使 LED 灯板更好地接触底座；扣上灯罩和压圈，旋转压圈固定灯板与灯罩；将弹簧夹扣入上壳，使用螺钉固定上壳与底座，连接驱动电源，完成组装。

2．LED 可调光筒灯电气参数的测量

（1）测量 LED 可调光筒灯三种状态下驱动电源的输出电流

断开驱动电源连接 LED 灯板的正极一端，将万用表置于直流电流挡并串联接入电路中，测量 LED 灯串正常发光时的电流。将测量数据填入表 2-3-2 中。

注意万用表挡位的选择及用电安全。

（2）测量 LED 可调光筒灯驱动电源的输出电压

将万用表置于直流电压挡，然后将其并联在驱动电源与 LED 灯板连接的两端，测量整个 LED 灯板正常发光时的电压，并将测量数据填入表 2-3-2 中。

（3）计算 LED 可调光筒灯在不同状态下的功率

根据测量出的输出电流和电压数据，按功率计算公式（$P=UI$）计算功率，将结果填入表 2-3-2 中。

表 2-3-2　LED 可调光筒灯的参数测量结果

测试条件 测试参数	正 白 光	暖 白 光	混合暖白光
驱动电源输出电流（mA）			
驱动电源输出电压（V）			
驱动电源输出功率（W）			

3. 实训拓展：LED 可调光筒灯的安装

① 天花板开孔。用木工专用工具将天花板按照相应的灯具尺寸开孔。

② 连接导线。根据接线安全规范及说明书，正确连接导线与灯具接线端，并在接口处用电工胶布做好绝缘处理。

③ 放入天花板。将灯具两侧的弹簧扣拉直，装入符合其尺寸的天花板开孔中。

④ 放下弹簧扣。确认开孔和产品贴合及正确接线后，放下灯具两侧的弹簧扣，调整好灯具安装角度并固定好，即可打开电源。

 考核

任务考核内容		标准分值	自我评分分值×50%	教师评分分值×50%
专业知识与技能	任务计划阶段			
	实训任务要求	10		
	任务执行阶段			
	熟悉灯具组成结构	5		
	了解灯组连接方式	5		
	了解灯具各个部件的名称	5		
	实训设备使用	5		
	任务完成阶段			
	元器件检测	5		
	元器件装配与焊接	10		
	灯具组装与制作	15		
	电气参数测量	20		
职业素养	规范操作（安全、文明）	5		
	学习态度	5		
	合作精神及组织协调能力	5		
	交流总结	5		
合计		100		
学生心得体会与收获：				
教师总体评价与建议： 教师签名：　　　日期：				

LED 景观照明的设计与制作

景观照明可以改变环境的外观，对自然环境起到点缀作用。为了提高可视性和观赏性，景观照明巧用 LED 光源，使整个光环境效果更加真实、更具美感。LED 景观照明广泛应用于城市广场、园林、庭院、步行街道及建筑物外墙等场所。

任务一 LED 广告字的设计与制作

LED 灯带越来越受照明设计师的青睐，广泛应用于建筑物、桥梁、花园、庭院、天花板、广告、招牌等领域。

任务目标

知识目标

1. 了解 LED 灯带的应用领域；
2. 掌握 LED 灯带的结构特点。

技能目标

1. 掌握用 LED 灯带设计 LED 广告字的方法；
2. 掌握 LED 广告字的制作方法及驱动电源的配置方法。

任务内容

1. 用单色 LED 灯带设计制作广告字；
2. 广告字驱动电源的配置。

 **知识**

1. LED 灯带简介

LED 灯带是一种把 LED 灯珠焊接在带状柔性电路板（FPC）或 PCB 上的产品，LED 灯带的英文名称是 LED Strip。

LED 灯带有单色（红色、黄色、绿色、蓝色等）、白色及彩色等种类，根据应用环境可选择不同颜色的 LED 灯带。目前应用较多的 LED 软灯带采用的贴片 LED 以 3528（灯珠的型号，表示灯珠长度为 35mm，宽度为 28mm）和 5050 为主。亮度等级要求比较高的场合可采用高亮度的 LED 灯带（灯珠的亮度为普通灯珠亮度的 2～3 倍），其型号有 3014 和 5730。实际应用中也可通过增加灯珠的使用数量来提升区域亮度等级。

LED 灯带具有以下特点。

① 柔软，能够任意弯曲、折叠、卷绕。

② 可以剪切和延接。

③ 灯珠与连接线路可以被完全包覆在柔性塑胶中，绝缘、防水性能好，能得到较好的防护。

④ 不易断裂，使用寿命长。

⑤ 易于设计图形、文字等造型，因此在招牌、广告、标志等领域有广泛应用。图 3-1-1 为 LED 灯带的应用场景。

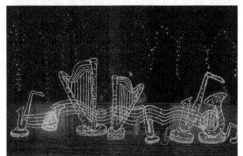

图 3-1-1　LED 灯带的应用场景

2. LED 灯带的结构

LED 灯带的结构分为两种，一种是普通型，即串并联电路结构；另一种是组合型，即幻彩灯条所采用的结构，其中包含集成电路和时序控制电路。

LED 灯带由 FPC、LED、贴片电阻、防水硅胶、连接端子等部分组成，防水 LED 灯带如图 3-1-2 所示，普通 LED 灯带如图 3-1-3 所示。

图 3-1-2 防水 LED 灯带

图 3-1-3 普通 LED 灯带

常用 LED 灯带的电路结构为串并联电路，如 12V 供电 LED 灯带，采用 3 个 LED 加一个贴片电阻串联起来，组成一组独立电路，而每条 LED 灯带由多组独立电路组合而成，电路结构如图 3-1-4 所示。一般整卷的长度有 5m、10m、20m 等规格。这种电路结构的优点如下。

① 采用电阻分压，可以有效保证 LED 在额定电压之下工作，不会因为输入电压超过 LED 额定电压而缩短 LED 的使用寿命。

② 并联分流。可以通过并联电路有效降低输入额定电流对于每组 LED 的冲击，使 LED 稳定地工作在一个电流范围之内，从而大大提高 LED 的使用寿命。

③ 并联恒压。每组 LED 之间是并联结构，因此，任意剪断一组都不会影响其他组的正常使用，可以有效地节约安装成本，不会造成浪费。

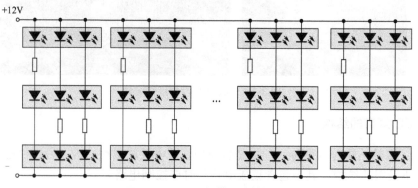

图 3-1-4 LED 灯带电路结构图

3．LED 灯带的连接方法

从图 3-1-4 所示电路结构图来看，每个灯珠内有 3 个发光芯片（3 晶），3 个灯珠组成一组，可单独使用，每组通过并联的方式连接在 12V 供电线路上。

由于灯带的每组（每剪）LED 灯都可以单独使用，因此用来制作广告字就非常方便。使用时将灯带的"+"极连接到驱动电源输出的"+V"端，灯带的"−"极连接到驱动电源的"−V"端，连接示意图如图 3-1-5 所示。

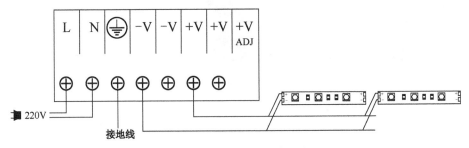

图 3-1-5　LED 灯带的连接示意图

 实训

1．LED 广告字的设计与制作

（1）实训准备

实训前准备好实训材料，并检查是否缺漏。实训任务所需设备和耗材有单色 LED 灯带、电源线、连接导线、驱动电源、万用表、恒温电烙铁、松香、焊锡丝、斜口钳、防静电手环等。表 3-1-1 为制作 LED 广告字所需材料清单。

表 3-1-1　制作 LED 广告字所需材料清单

序　号	材 料 名 称	数　量	单　位	型号或规格
1	单色 LED 灯带	1～2	m	高亮度 5050 贴片 DC12V
2	恒压驱动电源	1	个	Output：12V/10A（120W）
3	导线	若干	条	

（2）广告字的设计

确定需要设计的广告字及广告字的规模，不同规模的广告字需要不同长度的 LED 灯带。同时，广告字的设计要合理，否则会造成材料的浪费。

例如，设计广告字"枝"和"甘"，效果图如图 3-1-6 所示。

（3）广告字笔段长度计算方法

确定需要制作的广告字及其规模后，还要计算广告字笔段长度，要求广告字每一笔段的长度必须是 LED 灯带每剪长度的整数倍。例如，"枝"字共有 9 个笔段，须裁剪 10 剪长的 LED 灯带，其中"丨"笔段需要两剪长的 LED 灯带；"甘"字共有 5 个笔段，须裁剪 11 剪长的 LED 灯带。

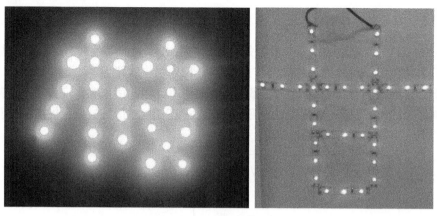

图 3-1-6　广告字效果图

（4）LED 灯带的裁剪方法

LED 灯带不能随意裁剪，应根据灯带的组成结构从剪切标记处裁剪，如图 3-1-7 所示。本次实训所用 LED 灯带为 3 个 LED 灯珠一组，因此应以 3 个一组的形式或者每剪的整数倍进行裁剪。

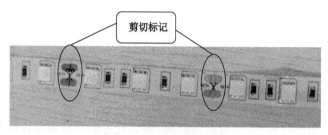

剪切标记

图 3-1-7　LED 灯带剪切标记

（5）广告字的合理布局

将预先裁剪好的 LED 灯带放到指定的位置，设计好整体布局，字体要美观，笔画要顺畅，合理的布局能够避免连接走线杂乱。

（6）LED 灯带的连接

利用导线将分散的广告字笔段连接（并联或串联）成一组或多组灯带，导线要尽量隐藏在广告字背面，使整个广告字更加美观。注意：要使用柔性导线，不能使用硬质导线，硬质导线容易使 LED 灯带金属触点脱落。

在笔段连接前要给 LED 灯带裁剪处的金属触点及连接导线上锡，然后根据导线的颜色进行连接，一般用红色导线连接"+"极，用黑线或其他颜色的导线连接"−"极，这样可避免连接错误，以免造成部分笔段不亮。LED 灯带与导线连接如图 3-1-8 所示。

（7）检测与通电运行

利用万用表的蜂鸣挡检测广告字各笔段间是否连接完好。万用表的一个表笔连接广告字供电端，另一个表笔连接广告字每一笔段末端，测试时蜂鸣器鸣叫则说明连接正常。还要用万用表的蜂鸣挡检测广告字各笔段的供电正负极间是否存在短路。方法很简单，将万用表的两个表笔接至广告字每一笔段的正负极，如果蜂鸣器鸣叫，则说明连接出现短路，应查找原因并排除故障。

经检查确认广告字各笔段间连接无误后，在广告字引出的接线端接入驱动电源，注意正负极的接法，通电运行，观察广告字"甘"的发光效果，如图 3-1-9 所示。

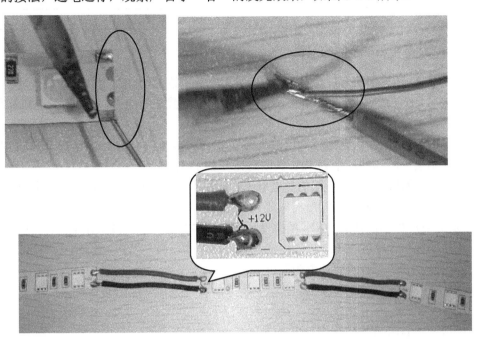

图 3-1-8　LED 灯带与导线连接

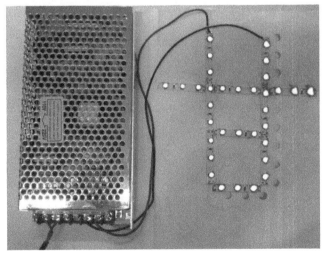

图 3-1-9　广告字发光效果图

2．LED 广告字电气参数的测量

选择好万用表电流挡的量程，将万用表串接至 LED 广告字的供电回路中，测量 LED 广告字的工作电流，并计算功率，将测量数据填入表 3-1-2 中。

表 3-1-2　LED 广告字电气参数测量结果

测 试 参 数	工作电流 I/mA	计 算 参 数	功率 P/W
测量值		计算值	

3．LED 灯带驱动电源的配置

每个 LED 灯具都配有一个驱动电源，驱动电源将输入的交流电转换为适合灯具工作的电流和电压，而 LED 灯带长度不同，所需的电流也是截然不同的，那么应该怎样配置 LED 灯带的驱动电源？

① 明确灯带所需供电电压。LED 灯带为恒压供电，供电电压有 5V、12V、24V 等几种规格。本实训所选的灯带为 12V 供电高亮度 LED 灯带。

② 确定设计的广告字所需的供电电流。例如，"甘"字共 5 个笔段 11 剪，按每剪 60mA 计算，这个广告字正常发光时所需电流为 660mA。

③ 计算广告字消耗的功率。根据设计的广告字的工作电流及工作电压，按功率等于电流与电压的乘积计算，$P=UI=12V\times660mA=7.92W$。

④ 配置 10W 左右的驱动电源即可。

4．实训拓展一

请按图 3-1-10 制作广告字。

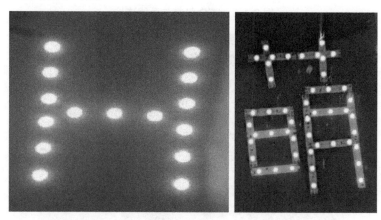

图 3-1-10　广告字

5．实训拓展二

客厅是使用 LED 灯带的场所之一，现有一个 4m×4.5m 客厅的天花板四周暗槽全部装配 LED 灯带，假设使用的是高亮度蓝光 LED 灯带，LED 灯带参数如下。

型号：5050-12V-60P

输入电压：12V

LED 类型：5050

LED 灯珠数量：每米 60 个

光束角：120°

电路板材质：FPC

每剪电流：60mA（每剪 3 个灯珠）

在这种情况下应配置多大功率的驱动电源？

思考： 当使用的 LED 灯带超长时（如 100m），应如何配置驱动电源？

 考核

任务考核内容		标准分值	自我评分分值×50%	教师评分分值×50%
		任务计划阶段		
	实训任务要求	10		
		任务执行阶段		
专业知识与技能	熟悉各类灯带型号	5		
	熟悉灯带构造	5		
	理解灯带特性	5		
	实训设备使用	5		
		任务完成阶段		
	灯带配件检测	5		
	广告字的设计	10		
	广告字的美观度	10		
	广告字电气参数测量及驱动电源配置方法	25		
职业素养	规范操作（安全、文明）	5		
	学习态度	5		
	合作精神及组织协调能力	5		
	交流总结	5		
合计		100		

学生心得体会与收获：

教师总体评价与建议：

教师签名：　　　　　日期：

任务二 LED 彩色灯带的组装与测试

LED 彩色灯带能发出绚丽多彩且千变万化的光，因此被广泛应用在人们的日常生活中及景观照明的各个领域。

任务目标

知识目标

1. 了解 LED 彩色灯带的原理和构成；
2. 掌握 LED 彩色灯带的组装与测试方法。

技能目标

1. 学会使用 LED 彩色灯带制作广告字；
2. 掌握 LED 彩色灯带电气参数的测量方法。

任务内容

1. 利用 LED 彩色灯带制作广告字；
2. LED 彩色灯带电气参数的测量。

 ## 知识

1. LED 全彩灯带套件

本任务所用的灯带是 LED 全彩灯带，它是一种彩色灯带。LED 全彩灯带中所用的灯珠通常是 RGB 灯珠，RGB 指红、绿、蓝三基色，即在一只灯珠里组合安装了红、绿、蓝三种颜色的 LED 芯片。根据空间混色原理，每一只 RGB 灯珠既能发出红、绿、蓝三基色单色光，也能发出由三基色混合而成的其他颜色的光，如红+绿=黄，红+蓝=紫，绿+蓝=青，红+绿+蓝=白。

LED 照明安装模块中提供了 LED 全彩灯带套件，包括控制器 1 个，44 键遥控器 1 个，5050 RGB 灯带 1 卷（灯珠尺寸为 5mm×5mm×1.6mm），电源适配器 1 个，如图 3-2-1 所示。

2．灯带参数及裁剪方法

LED 全彩灯带套件中的灯带参数如下。

- 规格：每卷 5m，采用双面胶粘贴固定
- 灯珠型号：SMD-5050-RGB
- 灯珠数量：每米 60 个
- 工作电压：12V
- 功率：每个灯珠为 0.24W，每米为 14.4W，每卷为 72W
- 灯带工艺：滴胶防水

图 3-2-1　LED 全彩灯带套件

该灯带的连接方式为每 3 个 LED 灯珠串联成一组，然后各组并联，因此裁剪时必须按其所标注的裁剪线进行裁剪，同一组中的 3 个 LED 灯珠不可分开，如图 3-2-2 所示。灯带电路结构如图 3-2-3 所示。

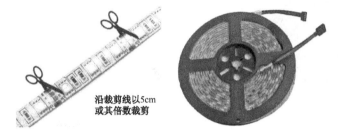

图 3-2-2　灯带及裁剪示意图

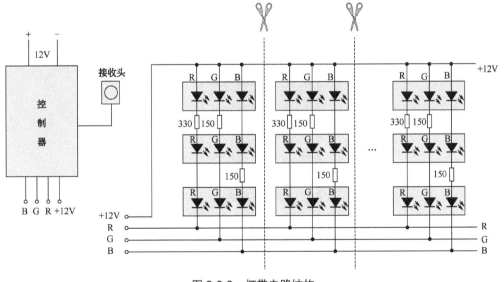

图 3-2-3　灯带电路结构

3．电源适配器

电源适配器为灯带及灯带控制器提供电源，本模块中提供了一个开关电源适配器，如图 3-2-4 所示，其主要参数如下。

输入电压：100-240V 50-60Hz 1.6A

输出电压：12V/5A 直流输出

4．灯带控制器

灯带控制器用来控制灯带的颜色变换，其控制程序已固化在内部芯片中。

控制器有两组引出线，如图 3-2-5 所示。一组为红外遥控接收头，用来接收遥控器的控制信号。另一组为输出插头，4 根针脚分别为+12V、R、G、B。该插头与灯带的输入插头相连。

灯带控制器输入和输出电压为 DC 12V，最大输出电流为 6A，最大负载功率为 72W。此控制器控制该型灯带的最大长度为 5m（1 卷）。在安装时若要将多卷灯带串联安装，须使用更大电流和功率的灯带控制器。

图 3-2-4　电源适配器

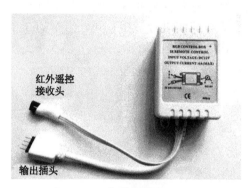

图 3-2-5　灯带控制器

5．遥控器

用户可通过 44 键遥控器来切换颜色和变换效果。遥控器按键功能说明如图 3-2-6 所示。

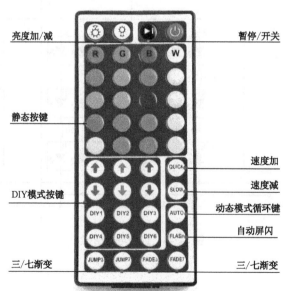

图 3-2-6　灯带遥控器按键功能说明

实训

本实训采用 LED 全彩灯带制作广告字，效果如图 3-2-7 所示。

1. 用 LED 彩色灯带制作广告字

（1）实训准备

实训所需设备和材料有驱动电源（DC12V，5A）、LED 全彩灯带套件、万用表、电烙铁、剪刀、焊锡丝、细铜丝等。

（2）长度计算

确定要制作的广告字后，要计算出组成该字的笔段数，以及每一笔段所需的灯带长度（总长度不大于 5m）。

虽然 LED 灯带采用了柔性电路板，非常柔软，但它不能横向弯折，因此用 LED 灯带制作广告字时，必须先剪断再拼接。笔段之间可以用细铜丝焊接组合。每个笔段的长度必须是 5cm 或其整数倍。以制作一个"中"字为例，若灯带交叉处不重叠，则应将"中"字拆分为 7 个笔段，如图 3-2-8 所示。

图 3-2-7　广告字效果图

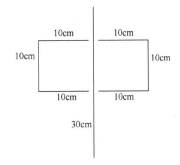

图 3-2-8　"中"字的笔段拆分

（3）灯带裁剪

按上述计算结果，从原始灯带卷的某一头（带插头）起剪下一段长度为 90cm 的灯带，然后裁剪为 30cm 长度 1 段、10cm 长度 6 段，将它们拼成"中"字形状。为方便焊接，裁剪时应沿裁剪线从焊盘正中心进行裁剪，如图 3-2-9 所示。

对裁剪前后不同长度灯带的工作电流进行测量，将测量结果填入表 3-2-1 中。

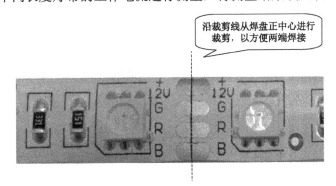

沿裁剪线从焊盘正中心进行裁剪，以方便两端焊接

图 3-2-9　裁剪示意图

表 3-2-1　不同长度灯带工作电流测量结果

灯 带 长 度	整卷（5m）	90cm	30cm
工作电流（A） （白光静态时）			

（4）笔段连接

采用焊接的方式将 7 个笔段按顺序串联起来。由于一共有 4 条线路（+12V、R、G、B），因此每个连接处须用 4 根细铜丝进行连接。注意绝缘处理及隐藏效果。

（5）整字粘贴

所有笔段串联焊接完成后，小心地将成形的广告字粘贴到合适的地方（如大块的硬纸板、木板、墙面等）。

（6）通电测试

将电源适配器的输出插头连接到灯带控制器的电源输入插孔，再将控制器输出插头与制作好的广告字的输入插头相连，如图 3-2-10 所示。通电后即可观察制作效果。完成效果图如图 3-2-11 所示。

2. LED 彩色灯带电气参数测量

使用遥控器对广告字进行效果检测。测试单色、闪烁、渐变等各种变化效果，检查广告字是否发光正常。分别测量灯带在不同发光颜色下的工作电流，将测量结果填入表 3-2-2 中。

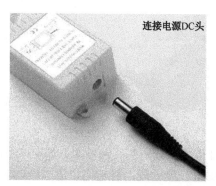

连接电源DC头

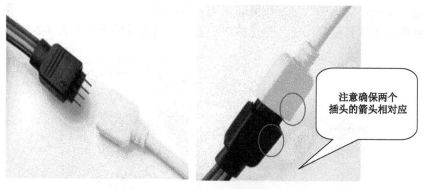

注意确保两个
插头的箭头相对应

图 3-2-10　控制器与电源及灯带的连接

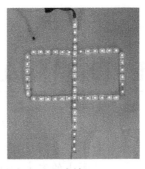

图 3-2-11 "中"字的完成效果图

表 3-2-2 不同发光颜色下灯带工作电流测量结果

发 光 颜 色	红	绿	蓝	白
工作电流（A）				

 **考核**

任务考核内容		标准分值	自我评分分值×50%	教师评分分值×50%
专业知识与技能	任务计划阶段			
	实训任务要求	10		
	任务执行阶段			
	熟悉电路连接	10		
	灯带广告字的制作	10		
	理解电路原理	10		
	实训设备使用	10		
	任务完成阶段			
	视觉效果	10		
	实训数据计算	10		
	广告字的设计合理性	10		
职业素养	规范操作（安全、文明）	5		
	学习态度	5		
	合作精神及组织协调能力	5		
	交流总结	5		
合计		100		
学生心得体会与收获：				
教师总体评价与建议：				
			教师签名：　　　　日期：	

任务三 LED 冲孔发光字的设计与制作

LED 冲孔发光字又称外露发光字，是指用镀锌板、铝板等面板作为字体基板，通过对基板进行切割、冲孔、烤漆、安装，并对字体笔段进行焊接拼装而形成的发光标识。它主要用于制作户外的广告标识、楼宇上的发光标识、门店的招牌等。

任务目标

知识目标

1. 了解常见的 LED 灯珠及其连接方法；
2. 了解 LED 模组的驱动方式；
3. 了解 LED 模组的组成及控制方式。

技能目标

1. 掌握 LED 冲孔发光字的制作方法；
2. 掌握 LED 冲孔发光字的检测方法。

任务内容

1. 设计与制作 LED 冲孔发光字；
2. 检测 LED 冲孔发光字。

 知识

1. 常见 LED 灯珠

常见 LED 灯珠有直插（草帽）式、贴片式及有机发光二极管（OLED）等，如图 3-3-1 所示。目前，制作 LED 发光字广泛采用直插式和贴片式 LED 灯珠。

2. LED 模组

LED 模组就是把 LED 灯珠按一定规则排列在一起并封装起来，如图 3-3-2 所示。常见 LED 模组有贴片模组、食人鱼模组、草帽模组。LED 模组还有防水与不防水之分。不同厂家生产的 LED 模组有不同的形式与规格。

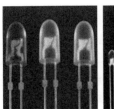

图 3-3-1　不同形式的灯珠

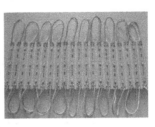

图 3-3-2　LED 模组

一般单晶 LED 灯珠的允许电流不能超过 20mA。5050 贴片模组一般采用 3 晶或者 60mA 晶体。在众多模组中，贴片模组的性能最好，亮度高，工作稳定持久，当然价格也相对高一点。食人鱼模组比较大众化。实际应用中应根据具体要求选择模组。

3. LED 灯珠的连接形式

LED 灯珠的连接形式有串联、并联和混联。LED 发光字采用的灯珠连接形式与 LED 驱动电源的类型有关，一般根据灯珠的数量、功率的大小、电流的大小、驱动电压的高低进行综合考虑。对于直插式灯珠，其功率一般为 0.06W（蓝光、绿光、白光）或 0.04W（红光），它们的正常工作电流一般都是 20mA，管压降分别是 3V 或 2V。而对于 1W 贴片式灯珠，蓝光、绿光、白光的管压降约为 3V，工作电流达到 330mA；而红光灯珠管压降约为 2V，其工作电流达到 500mA。因此，在应用时应根据不同灯珠的参数选择正确的连接形式。

（1）串联

串联形式如图 3-3-3 所示。采用串联形式时，要注意驱动电源功率与电压的大小，要保证所有灯珠的功率总和不超过电源的功率。另外，整个串联 LED 电路中灯珠的压降总和不能大于电源电压的额定值。电路中的电流不能超过每个灯珠正常工作电流。通常为确保灯珠正常工作，要在电路中串入限流电阻，同时要确保所选电阻阻值合理。

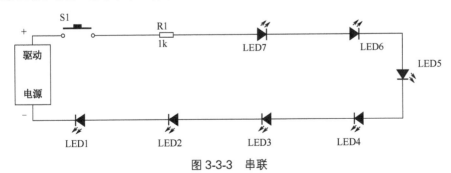

图 3-3-3　串联

（2）并联

并联形式如图 3-3-4 所示。采用并联形式时，要注意驱动电源电压和输出电流的大小，要保证所有灯珠的工作电流总和不超过驱动电源输出电流的恒定值。另外，整个并联 LED 电路中灯珠的最大压降不能大于电源电压的额定值。电路中的总电流不能超过灯珠正常工作电流的总和。通常为确保灯珠正常工作，要在电路中串入限流电阻，同时要确保所选电阻阻值合理。

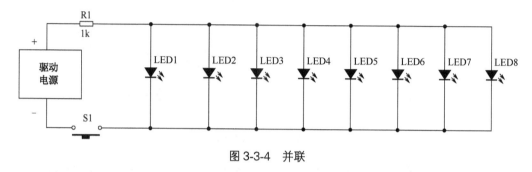

图 3-3-4　并联

（3）混联

混联形式如图 3-3-5 所示。制作 LED 发光字时须采用混联形式，因此要综合考虑 LED 灯珠在串联和并联时的电压、电流和功率的大小，以便确保所有灯珠发光一致，工作电流一致，压降相同，从而保障灯珠安全工作。

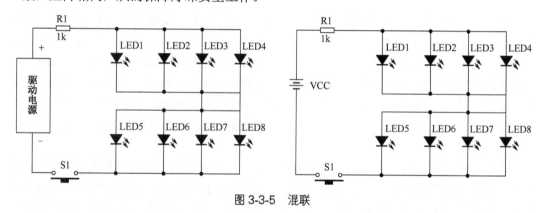

图 3-3-5　混联

4. LED 模组控制方式

目前常用的 LED 模组控制组成框图如图 3-3-6 所示。对于 LED 发光字，一般采用阻容降压、开关电源及变压器降压进行控制。如图 3-3-7 所示为 LED 模组控制器，它将电源和控制器做成一体化，直接接市电就可以使用。

5. 发光字驱动电路

本次实训要求制作一个"L"形 LED 冲孔发光字，采用 50 个绿光 LED 灯珠，分 5 组，每组有 10 个灯珠，绿光 LED 灯珠的功率约为 0.04W，则 10 个绿光 LED 灯珠的功率约为 10×0.04W=0.4W，有 5 组并联，故总功率为 2W。由于每个灯珠的正常工作电流为 20 mA，故 5 组总电流为 100 mA。驱动电源的电压为 30V，输出电流不低于 100mA，为确保 LED

模组正常工作，还要串联一个限流电阻，限流电阻的阻值应经过精确计算。由于 LED 模组的总工作电流为 100mA，功率为 2W，故通过限流电阻的电流为 100mA，功率为 1W，所以限流电阻（保险电阻）的阻值应为 5.6Ω～10Ω，功率为 1W 即可。相关电路如图 3-3-8 所示。

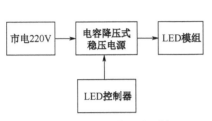

图 3-3-6　LED 模组控制组成框图

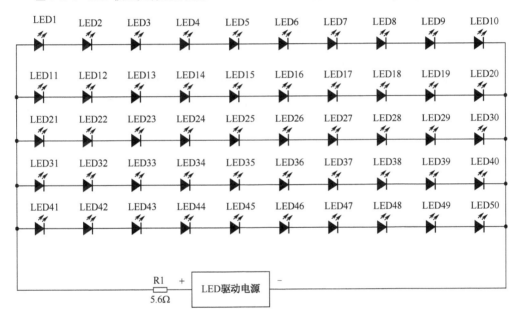

图 3-3-7　LED 模组控制器

图 3-3-8　发光字驱动电路图

实训

本次实训要求制作一个"L"形 LED 冲孔发光字，其效果如图 3-3-9 所示。采用 50 个 0.04W 绿光直插式 LED 灯珠，分 5 组连接，采用 3W 驱动电源。

1. 实训器材

钢锯、尺子、软尺、油性笔、截刀、热熔枪、热熔胶、万用表、电烙铁、50 个绿光 LED 灯珠、双面胶、

图 3-3-9　发光字效果图

手电钻等。

2. 实训步骤

（1）打印与描点

用 A4 纸打印出一张字母 "L"，并在纸面上用油性笔描出 50 个间距均匀的点，以备钻孔，如图 3-3-10 所示。

 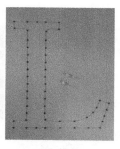

（a）打印　　　　　　　（b）描点

图 3-3-10　打印与描点

（2）准备 LED 灯珠与铝基板

准备 50 个直径为 5mm 的绿光串联灯珠和厚度为 3mm 的铝基板，如图 3-3-11 所示。灯珠用游标卡尺测量验证规格。铝基板选用类似于装修吊顶用的铝基板，表面为黑色，以便突出灯珠在白天的发光效果。

  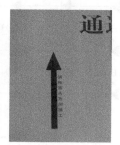

（a）绿光灯珠　　　　　（b）测量灯珠　　　　　（c）铝基板

图 3-3-11　准备灯珠与铝基板

（3）准备手电钻

准备一把手电钻，选用的钻头为 ϕ5mm，如图 3-3-12 所示。

（a）测量钻头　　　　　　　（b）手电钻

图 3-3-12　准备手电钻

（4）钻孔

将描有字母"L"的 A4 纸用双面胶贴在铝基板上，以防钻孔时纸张移动，影响钻孔的效果和定位。然后逐个钻孔，如图 3-3-13 所示。

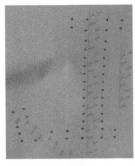
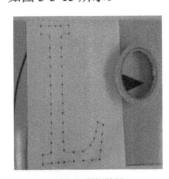
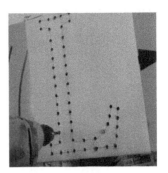

| （a）贴双面胶 | （b）覆铝基板 | （c）钻孔 |

图 3-3-13　钻孔操作

（5）锯铝基板

将钻好孔的铝基板上粘贴的 A4 纸去掉，并按照需要的长度用钢锯锯断，然后将表面的保护膜撕掉，如图 3-3-14 所示。

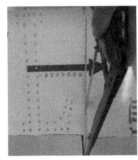

| （a）钢锯 | （b）锯割 | （c）撕保护膜 |

图 3-3-14　锯铝基板

（6）安装灯珠

将已经串联好的 5 组绿光灯珠依次插到钻好孔的铝基板上，并用热熔胶固定灯珠，如图 3-3-15 所示。注意：5 组 LED 灯珠并联，头尾（正、负极）不要弄错。

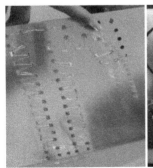
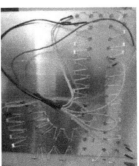

| （a）装上灯珠 | （b）接线 | （c）固定灯珠 |

图 3-3-15　安装 LED 灯珠

（7）通电测试

将已经固定好的冲孔发光字接一个 5.6Ω 限流电阻，并接上万用表分别测量电流和电压，检查总电流是否在 100mA 以内，工作电压是否在 30V 以内，如图 3-3-16 所示。将测量结果填入表 3-3-1 中。

（a）测电流　　　　　　　　　　　　　　　　（b）测电压

图 3-3-16　通电测试

表 3-3-1　发光字工作电流和电压测量结果

测 试 项 目	工作电流（mA）	工作电压（V）
测量结果		

（8）检验显示效果

在确保工作电压和工作电流正常的情况下，观察每个灯珠的发光亮度是否一致，如有明显差异则要拆换。

经过上述操作，一个"L"形 LED 冲孔发光字就制作成功了，如图 3-3-17 所示。按照上述方法制作"E"和"D"形 LED 冲孔发光字，即可完成图 3-3-9 所示的效果。

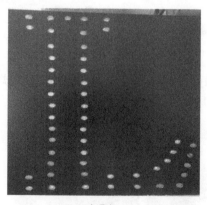 

（a）未通电　　　　　　　　　　　　　　　　（b）已通电

图 3-3-17　显示效果

考核

任务考核内容		标准分值	自我评分分值×50%	教师评分分值×50%
专业知识与技能	任务计划阶段			
	实训任务要求	10		
	任务执行阶段			
	熟悉电路连接	10		
	实训效果展示	10		
	理解电路原理	10		
	实训设备使用	10		
	任务完成阶段			
	LED 发光字的制作效果	10		
	实训数据测试	10		
	实训结果	10		
职业素养	规范操作（安全、文明）	5		
	学习态度	5		
	合作精神及组织协调能力	5		
	交流总结	5		
合计		100		

学生心得体会与收获：

教师总体评价与建议：

教师签名：　　　　　日期：

项目四

LED 驱动电源的制作与检测

　　传统光源如白炽灯直接接入 220V 交流市电就能正常发光，而新型 LED 光源则要连接一个合适的"电子驱动电路"才能正常发光，即 LED 光源须采用直流低压供电。接入的这个"电子驱动电路"通常被称为"LED 驱动器"或"LED 驱动电源"，它将交流电源输入转换为特定的直流电流和电压输出。为了让新型 LED 光源发挥其寿命长等各种优良特性，通常采用恒流驱动方式。在实际应用中必须保证 LED 驱动电源设计合理，驱动方式得当，还要考虑负载功率匹配等问题。本项目将针对目前比较流行的 LED 驱动电源进行制作、调试、电气性能参数检测及典型故障分析与检修等实训，让操作者更好地了解 LED 驱动电源的应用领域、电路结构及基本原理，掌握电路制作流程、调试方法及电气参数的检测方法，为今后从事 LED 驱动电源研发与设计、LED 产品质量检测、LED 照明工程与施工及 LED 照明产品安装与维修打下良好的基础。

任务一　内置 MOS 管恒流驱动电源的制作与检测

　　由驱动芯片 BP3125 构成的内置 MOS 管 LED 隔离式恒流驱动电源被广泛应用于 LED 球泡灯、射灯等 LED 照明灯具中。驱动芯片 BP3125 内部集成了 600V 功率开关管（内置 MOS 管）和多种保护电路，并采用原边反馈模式，不需要次级反馈电路，因此只需极少的外围元器件即可实现恒流驱动。

任务目标

知识目标

1. 认识驱动芯片 BP3125;
2. 了解内置 MOS 管恒流驱动电源的组成结构及基本原理;
3. 掌握内置 MOS 管恒流驱动电源整机安装步骤及焊接成批元器件的操作程序。

技能目标

1. 学会用万用表检测元器件及电路板;
2. 完成元器件的安装、焊接及电路的调试;
3. 学会使用电子负载仪测量恒流驱动电源的主要电气参数。

任务内容

1. 内置 MOS 管恒流驱动电源的制作与调试;
2. 内置 MOS 管恒流驱动电源的电气参数测量。

 知识

1. 驱动芯片 BP3125 简介

驱动芯片 BP3125 内部集成了 600V 功率开关管（内置 MOS 管）和多种保护电路，使外围电路更加简单。它采用原边反馈模式，不需要次级反馈电路，即无光耦及 TL431 反馈，也不需要补偿电路，只需极少的外围元器件即可实现恒流驱动。它适用于全输入电压范围（交流 85～265V）、功率在 12W 以下的反激隔离式 LED 恒流驱动电源，可极大地减少系统的成本和体积。该芯片内部带有高精度的电流取样电路，输出电流精度可达到±3%。

该芯片具有多重保护功能，包括 LED 开路保护、LED 短路保护、芯片过温保护、过压保护、欠压保护和 FB 短路保护等。该芯片的缺点是驱动电流不够大。其内部结构框图如图 4-1-1 所示。

BP3125 采用 DIP8 封装（双列直插式 8 脚塑封），引脚封装图如图 4-1-2 所示。

BP3125 外形图如图 4-1-3 所示。

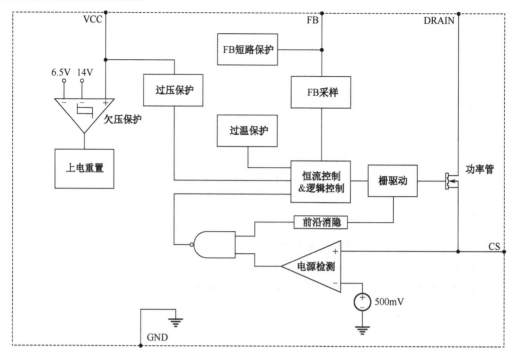

图 4-1-1　BP3125 内部结构框图

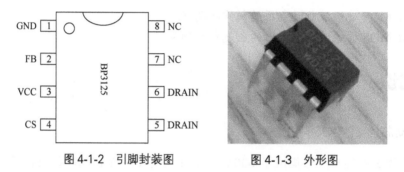

图 4-1-2　引脚封装图　　　　　图 4-1-3　外形图

BP3125 引脚功能见表 4-1-1。

表 4-1-1　BP3125 引脚功能

引　脚　号	引　脚　名　称	功　能　描　述
1	GND	信号和功率地
2	FB	辅助绕组信号采样端
3	VCC	电源端
4	CS	电流采样端，采样电阻接在 CS 和地之间
5、6	DRAIN	内部功率管漏极端
7、8	NC	空脚。无连接，必须悬空

2．驱动电源基本原理

BP3125 构成的内置 MOS 管恒流驱动电源由输入整流滤波电路、开关振荡及能量转换与保护电路、输出整流滤波电路等部分组成，如图 4-1-4 所示。

接通电源时，220V 交流电压经熔丝管 F1、整流桥 D1～D4、滤波电容 C1 组成的输入整流滤波电路输出约 310V 直流高压。该电压一路经高频变压器（也称开关变压器）T1 初级绕组送至恒流驱动芯片 U1（BP3125）的 5、6 脚，提供内置 MOS 管的漏极电压；另一路通过 R5、R6、测试开关 S1 组成的启动电路为 U1 的 3 脚（VCC 端）提供开启电压，使内置 MOS 管导通，开关振荡器起振，电路开始工作。若电路启动前将测试开关 S1 拨到"OFF"位置，则电路将无法启动。R1、R3、C4、D5 组成尖峰吸收电路，其作用是保护 U1 内置 MOS 管在截止时不会因尖峰电压过高而击穿损坏。电路正常启动后，U1 的 3 脚将由辅助电源供电，也就是由 T1 辅助绕组的感应电压经 D6 整流、R8 限流、C2 滤波输出的约 12V 直流电压来提供芯片 U1 的工作电压，电路进入正常工作状态。电路启动工作后断开测试开关 S1 将不影响电路工作。

T1 辅助绕组的感应电压同时经 R9、R10 组成的辅助绕组信号采样电路，为 U1 的 2 脚提供能反映输出电压大小的反馈信号，以控制开关振荡频率，从而使输出保持恒定。R2、R4、R7 组成 CS 电流采样电路，可调节输出电流大小。将测试开关 S2 拨到"OFF"位置时，CS 采样电阻值将增大，使输出电流减小；反之，将 S2 拨到"ON"位置时，输出电流增大。

T1 次级绕组的感应电压经快恢复整流二极管 D7、滤波电容 C5 及 R11（假负载）组成的输出整流滤波电路，输出恒定的电流及电压。

出现负载开路或短路、芯片过热等异常情况时，电路将进入自动保护状态，只有排除异常情况后，电路才会自动恢复工作，或者重启后恢复工作。

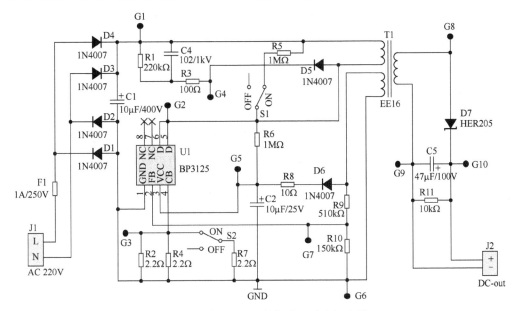

图 4-1-4　内置 MOS 管恒流驱动电源电路

 实训

本任务实训板如图 4-1-5 所示。该驱动电源为隔离式恒流驱动电源，所谓隔离就是指

负载端与 220V 相线之间采用变压器实现了隔离，这样在连接 LED 照明灯或灯串时不会有触电的危险，安全可靠。但 220V 交流电输入端至高频变压器 T1 初级绕组之间的电路（又称初级侧）仍带有高电压，在检测及维修时应注意安全，谨防触电。在实训板上标有高压危险警示标记⚠的地方都是带电的，检测时要特别小心。恒流驱动电源输出的电流是恒定的，但输出的直流电压却随着负载阻值的不同在一定范围内变化，即输出的电压是自适应的，实际输出的电压取决于连接负载的阻抗，与 LED 灯珠的正向工作电压 U_F、LED 灯珠的连接方式及数量有关。

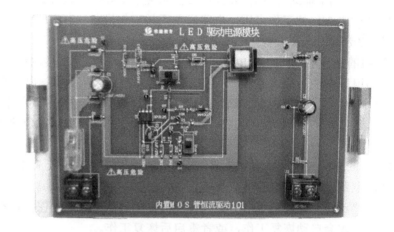

图 4-1-5　内置 MOS 管恒流驱动电源实训板

1．驱动电源的连接与效果展示

驱动电源实训板上有两个接线端子，一个是交流输入端子 J1，电源线连接在 L、N 两端，不分正负极；另一个是直流输出端子 J2，LED 照明灯（负载）连接在 "+" 和 "−" 两端，注意正负极的正确接法，不能接反。

该驱动电源的驱动方式为恒流驱动，对这类驱动电源一般应采用 LED 串联负载，本实训所接的负载就是采用串联形式的 LED 灯珠，如图 4-1-6 所示。

需要特别注意的是，交流输入端与直流输出端绝不允许反接，如果把电源线接在直流输出端通入 220V 交流电，将会损坏驱动电源实训板。

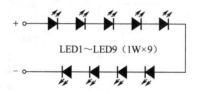

图 4-1-6　LED 灯珠连接电路图

恒流驱动电源实训板正确连接示意图如图 4-1-7 所示。

在确认接线正确且测试开关 S1、S2 均拨到 "ON" 位置后，接入 220V 交流电，观察 LED 灯串的发光情况。

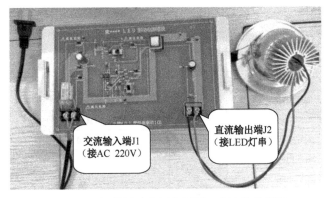

图 4-1-7　恒流驱动电源实训板正确连接示意图

① 若正常发光，则说明驱动电源工作正常，线路连接正确，发光效果如图 4-1-8 所示。

② 若 LED 灯串出现严重的"频闪"现象，则可能是所连接的 LED 灯串负载与该驱动电源功率不匹配引起的驱动电源保护电路动作所致，即误认为输出端存在过载或短路，导致电流增大，进而反映到初级侧，使 BP3125 芯片内置的保护电路启动保护，也可能是误认为输出端存在轻载或开路情况而实现保护。出现这种"频闪"现象时，可以换一个功率较为合适的 LED 灯串试一试。

恒压电源（稳压电源）空载时能正常工作，而恒流驱动电源则不一样，它有一定的输出功率范围，负载功率太小（轻载或空载）或者太大（过载）都不能使其正常工作。

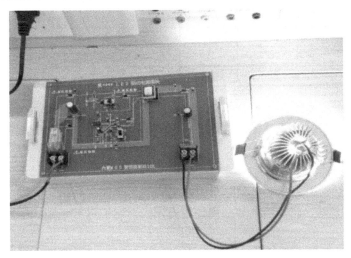

图 4-1-8　LED 灯串发光效果图

2．驱动电源的制作与调试

（1）实训器材

内置 MOS 管恒流驱动电源实训板及其套件、LED 灯串（可自行设计）、直流电子负载仪、电量测量仪、万用表、电烙铁（含烙铁架、松香、焊锡丝）、连接导线，以及斜嘴钳、镊子、螺丝刀等常用电工工具。

（2）材料清单

内置 MOS 管恒流驱动电源套件材料清单见表 4-1-2。

表 4-1-2　内置 MOS 管恒流驱动电源套件材料清单

序　号	材 料 名 称	数　量	位 置 标 识	型号或规格
1	插件电阻	3	R2，R4，R7	2.2Ω
2	插件电阻	1	R8	10Ω
3	插件电阻	1	R3	100Ω
4	插件电阻	1	R11	10Ω
5	插件电阻	1	R10	150Ω
6	插件电阻	2	R1	220Ω
7	插件电阻	1	R9	510Ω
8	插件电阻	2	R5，R6	1MΩ
9	高压瓷片电容	1	C4	102/1000V
10	二极管	6	D1～D6	1N4007
11	二极管	1	D7	HER205
12	插脚芯片	1	U1	BP3125
13	电解电容	1	C2	10μF/25V
14	电解电容	1	C1	10μF/400V
15	电解电容	1	C5	47μF/100V
16	熔丝管	1	F1	1A/250V
17	带透明盖子熔丝管座	1	F1	BLX-A
18	电路板测试针	10	G1～G10	铜镀金/陶瓷/黑
19	2 位端子	2	J1，J2	HB-9500-2P
20	三脚拨动开关	2	S1，S2	
21	PCB	1		教学板 101
22	变压器	1	T1	EE16

（3）电路制作及调试

根据本任务提供的内置 MOS 管恒流驱动电源套件进行电路制作与调试，操作步骤如下。

① 元件识别与检测。

在内置 MOS 管恒流驱动电源电路中，主要的元器件有高频变压器、整流二极管、电阻、电容及 IC 芯片等，在安装之前必须使用万用表对它们进行识别和检测，以确保元器件质量完好。

首先清点核对套件中元器件的数量是否齐全，有无缺漏，规格与型号是否与材料清单所列出的一致，如电容器的容量、耐压，整流二极管的型号等。

然后逐一对元器件进行质量检测，筛选出质量好的元器件。检测时如果发现元器件的引脚有氧化或锈蚀现象，可用小刀轻轻刮掉氧化层，否则会影响元器件检测与焊接效果。对有极性的元器件要判别引脚的极性，如整流二极管、MOS 管等。另外，对驱动芯片还要掌握引脚的排列规律，重点是找出 IC 芯片的第一个引脚，简单的方法是把标有型号"BP3125"的一面正对自己，缺口朝上，左上角为 1 脚（通常带有小圆点标记，这是引脚计数起始标记），按逆时针方向（或按英文字母"U"的书写方向）依次为 2～7 脚，右上角为最后一个引脚 8 脚。BP3125 的引脚排列可参照图 4-1-2。

② 元器件安装与焊接。

将筛选出的质量好的元器件按工艺要求正确安装并焊接在 PCB 上。

元器件的安装一般按照先小后大的原则进行。安装时要特别细心，不能装错，也不能漏装。例如，510kΩ 与 150kΩ 这两个电阻就很容易装错位置。小功率元器件要尽量压低安装，以防引脚过长引起分布参数影响电路性能指标。对电解电容、整流二极管等有极性的元器件要注意其极性的正确接法，不得接反。

焊接元器件时，应把握好电烙铁的温度和焊接的时间，在保证焊点牢固、圆润及光亮的前提下，焊接要迅速，一般控制在 2～3s 为宜，焊接时间过长或温度过高易损坏元器件，尤其是 IC 芯片及晶体管元器件。元器件焊接完成后用斜口钳把引脚线剪掉。

③ 电路运行与调试。

电路运行与调试的目的是检验电路装配过程是否合理，焊接质量是否可靠，元器件是否符合电路的特殊要求，电路保护功能能否实现，以及电气性能参数是否达到设计要求等。

为了安全起见，通电前必须对制作好的电路板有关焊点及连线再一次进行检查，着重检查相邻焊盘间的焊点有无短路，元器件引脚有无虚焊、假焊或脱焊，有极性的元器件有无接反。在确认安装无误后，连接 LED 灯串负载，接上 220V 交流电运行几分钟，待工作稳定后进行检测。

首先，检测驱动电源的关键点电压是否正常。

- 初级侧滤波电容 C1 两端电压 U_{C1}：正常工作时该电压约为 310V。
- 次级侧输出滤波电容 C5 两端电压即输出电压 U_O（U_{C5}）：实际工作电压取决于负载所接 LED 灯珠的 U_F 及数量。

检测驱动电源的关键点电压至关重要，它能直观表示电路工作正常与否，有利于人们掌握电路的工作状态。例如，若测得主电源滤波电容 C1 两端电压在 310V 左右，就表明滤波电容 C1 前面连接的输入整流电路工作正常，而 C1 后面连接的以芯片为核心的开关振荡电路也不存在过流或短路的现象。

其次，检测驱动电源的输出电流大小是否正常，或者电流稳定性是否达到设计要求。

在直流输出端分别接入 5W 和 11W 的 LED 灯串负载（可参考图 4-1-6 自行设计），测量输出电流值和电压值，并观察输出电流是否基本稳定在某一数值上，输出电压是否随负载而变化，将测量数据记录在表 4-1-3 中。

表 4-1-3　驱动电源相关测量结果

测试项目 测试条件	U_{C1}（V）	U_O（V）	I_O（A）
5W 的 LED 灯串负载			
11W 的 LED 灯串负载			

根据测量数据，通过分析完成如下问题。

- 驱动电源输出的电流基本稳定在＿＿＿＿＿＿＿＿＿。
- 该驱动电源是否具有恒流特性？＿＿＿＿＿＿＿。
- 接不同负载时其输出电压 U_O 变化的原因：＿＿＿＿＿＿＿＿＿＿。

最后，分别将开关 S2 置于"ON"位置和"OFF"位置，测量输出电流的大小，并观察电流的变化情况，将结果记录在表 4-1-4 中。

表 4-1-4　开关 S2 处于通、断状态时的电流测量结果

开关 S2 的状态	接　通	断　开
输出电流 I_O（mA）		

根据测量数据进行分析，回答如下问题。

引起输出电流 I_O 变化的原因：_____。

3．保护功能测试

LED 驱动电源的保护功能一般有 LED 开路保护、LED 短路保护、芯片过温保护、过载保护、过压保护及欠压保护等，下面简单介绍短路保护功能的测试。

LED 短路保护功能的测试方法：驱动电源连接好 LED 灯串负载，通电启动运行后，用导线直接接路直流输出端子的"+"和"−"两端，这时保护电路应能立即起保护作用，并切断输出电压，使 LED 灯串熄灭；当去掉短路线或排除异常条件后，驱动电源应自动恢复工作，或者重启后恢复工作，LED 灯串被重新点亮，表明短路保护功能可靠，短路保护可自恢复。

对于其他保护功能如开路保护（可直接断开负载）、芯片过温保护（可用高温的电烙铁紧贴芯片表面，让其升温）及过载保护（接入额定输出功率 130%以上的 LED 灯串负载）等，操作者可自行测试以验证多重保护功能的可靠性。

4．电气参数测量

电气参数主要有：输入和输出电压、电流及功率、功率因数、整机效率、恒流精度（恒流源时测试）、待机功耗（驱动电源空载时）、负载调整率及电流和电压纹波等。

输出参数的测量方法：将待测的 LED 驱动电源输入端接上交流电源，输出端接上 LED 灯串负载或电子负载，接通电源，用电流表和电压表或用电子负载仪进行测量，记录数据。

可用直流电子负载仪（也称模拟负载仪）测量 LED 驱动电源的输出参数，如输出电流、输出电压和输出功率及其负载范围。电子负载仪在接线时一定要注意输入端子的正负极性（左"+"右"−"），要正确连接，否则会烧坏电子负载仪。驱动电源的直流输出端与电子负载仪的输入端子连接，正确连接示意图如图 4-1-9 所示。

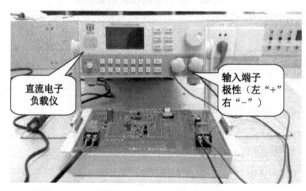

图 4-1-9　驱动电源与电子负载仪正确连接示意图

电子负载仪有定电流 CC、定电压 CV、定功率 CW 和定电阻 CR 四种工作模式，测量时要选择好电子负载仪的工作模式。一般情况下，恒流驱动电源应选择定电压 CV 模式，因为在该模式下负载的电压是恒定的，输出的纹波电压对负载的影响相对小。当然也可用定电阻 CR 模式进行测试。

正确连接好电子负载仪后上电，就可测出内置 MOS 管恒流驱动电源的输出参数，如图 4-1-10 所示。由电子负载仪 LCD 显示屏显示的结果可知：当设置的定电压为 40V（U_{set}=40.00V）时，测得该驱动电源的输出电压为 U_O=40.00V，输出电流为 I_O=0.284A，输出功率为 P_O=11.4W。

图 4-1-10　测量恒流驱动电源输出参数

这里需要指出，在定电压模式下，电子负载仪将消耗足够的电流来使输入电压维持在设定的数值上。设置不同的定电压相当于给驱动电源接上了不同的负载阻抗，但这个定电压必须满足驱动电源的输出要求，否则驱动电源将产生自动保护而无法正常工作。例如，设置的定电压超出驱动电源输出的允许工作电压范围时，驱动电源将自动进入保护状态，出现"打嗝"现象，电子负载仪显示的输出电压将不停跳变，无法进行输出参数的检测与读取。

请按照上述操作方法，设置不同的定电压来测量驱动电源的输出参数，并把测量结果记录在表 4-1-5 中。

表 4-1-5　驱动电源输出参数测量结果

测试项目 测试条件	输出电压 U_O（V）	输出电流 I_O（A）	输出功率 P_O（W）
U_{set}<20V			
U_{set}=24V			
U_{set}=30V			
U_{set}=36V			
U_{set}=40V			
U_{set}>45V			

综合以上测量数据，通过分析回答如下问题。

● 该驱动电源输出电流是否恒定？＿＿＿＿＿＿＿＿＿＿＿＿＿＿。

● 输出电流大小为＿＿＿＿＿＿＿＿＿＿＿＿＿＿。

- 驱动电源输出电压范围（最低～最高电压值）：_____。
- 驱动电源输出功率范围（最小～最大功率值）：_____。

考核

	任务考核内容	标准分值	自我评分分值×50%	教师评分分值×50%
	任务计划阶段			
专业知识与技能	实训任务要求	10		
	任务执行阶段			
	熟悉电路连接	5		
	实训效果展示	5		
	理解电路原理	5		
	实训设备使用	5		
	任务完成阶段			
	元器件检测	5		
	元器件装配与焊接	10		
	运行与调试	10		
	电气性能参数测量（含关键点电压测量）	25		
职业素养	规范操作（安全、文明）	5		
	学习态度	5		
	合作精神及组织协调能力	5		
	交流总结	5		
	合计	100		

学生心得体会与收获：

教师总体评价与建议：

教师签名：　　　　日期：

任务二 LED 非隔离恒流驱动电源的制作与检测

非隔离恒流驱动因其电源转换效率高已成为 LED 驱动电源的主流。非隔离开关恒流驱动电源芯片的设计已经高度集成化，将 LED 驱动电源需要的功能（如宽电压输入高精度恒流输出、过流保护、过压保护、LED 短路和开路保护、CS 采样电阻短路保护、芯片供电欠压保护等），以及功率输出的 MOS 管和恒流控制都集成在一个芯片上，电路十分简洁，周边元器件少，能有效控制材料成本和生产成本，现已被广泛应用在各种 LED 灯具中。

任务目标

知识目标

1. 了解非隔离恒流驱动电源的基本原理；
2. 了解驱动电源恒流控制芯片 BP2822 的相关知识；
3. 掌握驱动电源电路组成结构及功能。

技能目标

1. 掌握驱动电源外接 LED 模组的方法；
2. 掌握非隔离恒流驱动电源的制作方法及性能参数的测量方法。

任务内容

1. 非隔离恒流驱动电源的制作与调试；
2. 非隔离恒流驱动电源性能参数的测量。

 知识

1. 驱动电源芯片 BP2822 简介

非隔离降压型 LED 恒流驱动电源是采用芯片 BP2822 进行恒流控制的，其外形图和引脚图如图 4-2-1 所示，引脚功能描述见表 4-2-1。电源的核心 BP2822 是一种高精度 LED 恒流控制芯片，主要应用于非隔离降压型 LED 电源系统中，其输出电流不大，输出电流范围见表 4-2-2。其适用于全范围交流电压（85~265V）输入或者 12~600V 直流电压输入。该芯片具有高精度的电流取样电路,采用恒流控制技术,实现了高精度的 LED 恒流输出和优异的线性调整率,并具有多重保护功能,包括 LED 短路保护、CS 电流采样电阻短路保护和芯片过温保护等。BP2822 内部集成了 600V 功率 MOSFET,只需要很少的外围元器件,即可实现优异的恒流特性。该芯片采用源极驱动技术,工作电流只有 200μA,无须辅助绕组供电,简化了电路,降低了成本。其特点如下。

① 临界模式工作,无须电感补偿。

② 内置 600V 功率 MOSFET。

③ 源极驱动,无须辅助绕组供电。

④ 高达±3%的 LED 电流精度。

⑤ 高达 93%以上的系统效率。

⑥ LED 短路保护。

⑦ CS 电流采样电阻短路保护。

⑧ 芯片过温保护。

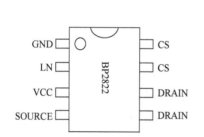 

图 4-2-1 BP2822 引脚图和外形图

表 4-2-1 BP2822 引脚功能描述

引 脚 号	引 脚 名 称	功 能 描 述
1	GND	芯片地
2	LN	线电压补偿输入端
3	VCC	芯片电源端,内置 12.5V 稳压管
4	SOURCE	内置高压 MOSFET 的源极
5、6	DRAIN	内置高压 MOSFET 的漏极
7、8	CS	电流采样端,接电流检测电阻到地端

表 4-2-2 BP2822 输出电流范围

符 号	参 数	参 考 范 围	单 位
I_{LED}	输出 LED 电流	<250	mA

2. 驱动电路基本原理

非隔离恒流驱动电源电路原理图如图 4-2-2 所示。电路主要由整流滤波、因数校正、恒流控制等部分构成。

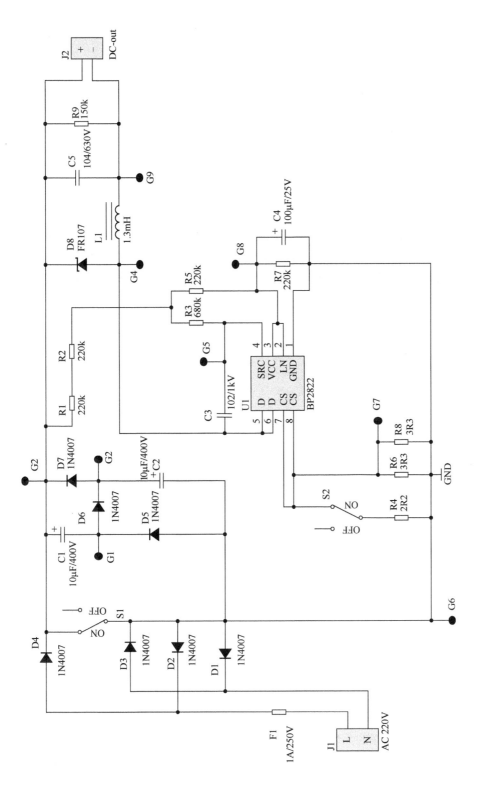

图 4-2-2 非隔离恒流驱动电源电路原理图

下面简要介绍电路功能。

① AC 220V 交流电压输入，整流二极管 D1～D4 组成桥式整流电路。

② 二极管 D5、D6、D7 和电容 C1、C2 构成功率因数校正（PFC）电路，提高电路的功率因数。

③ 电阻 R1、R2、R3、R5 降压为 BP2822 供电。

④ 电阻 R7、电容 C4 接芯片 U1 的 GND 引脚到地，起退耦作用。

⑤ 电阻 R4、R6、R8 为电流采样电阻，可控制输出电流的大小。

⑥ 电容 C5 为输出滤波电容。电阻 R9 为泄放电阻，在电路断电后释放 C5 两端的电压。

 实训

如图 4-2-3 所示为非隔离恒流驱动电源实训板。电路中输出端与输入端（AC 220V）未采取隔离措施，因此在操作时应注意安全，不要触摸电路元器件，以免发生触电事故。LED 恒流驱动电源的输出电流是恒定的，输出电压随负载的不同在一定范围内变化。

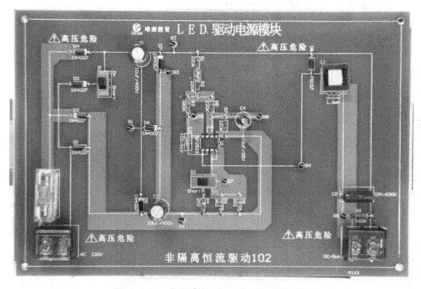

图 4-2-3 非隔离恒流驱动电源实训板

理想恒流源的输出电流值应保持恒定，但实际的恒流源只能在一定的范围内（包括温度范围、输入电压范围、负载变化范围）保持输出电流值的稳定性。

1. 驱动电源的连接与效果展示

非隔离恒流驱动电源实训板的连接方法与本项目任务一中基本一样。交流输入端子 J1 接 220V 交流电，不分正负极；直流输出端子 J2 连接时须注意正负极（"+" 和 "–"），绝不允许接反。直流输出端连接的负载选择工作电压约为 115V、工作电流约为 110mA 的 LED 灯珠组成的灯串，LED 灯珠连接图如图 4-2-4 所示。非隔离恒流驱动电源连线图如图 4-2-5 所示。

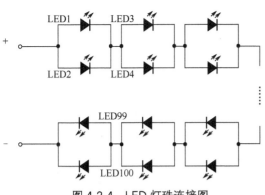

图 4-2-4　LED 灯珠连接图

图 4-2-5　非隔离恒流驱动电源连线图

连接无误并确认测试开关 S1、S2 均拨到"ON"位置后，接通 220V 交流电，观察驱动电源的工作是否正常。若 LED 灯串能正常发光，则说明线路连接正确，LED 驱动电源工作基本正常。如图 4-2-6 所示为驱动电源驱动 LED 灯串正常发光的效果图。

图 4-2-6　LED 灯串发光效果图

2．驱动电源的制作与调试

（1）实训器材

非隔离恒流驱动电源实训板及其套件、常用电工工具（尖嘴钳、镊子、螺丝刀等）、检测仪器（万用表、电子负载仪、电量测试仪等）及电烙铁（含烙铁架、松香、焊锡丝）等。

（2）材料清单

套件材料清单见表 4-2-3。

表 4-2-3　非隔离恒流驱动电源套件材料清单

序　号	材料名称	数　量	位置标识	型号或规格
1	插件电阻	4	R1，R2，R5，R7	220kΩ
2	插件电阻	1	R3	680kΩ

序　号	材料名称	数　量	位 置 标 识	型号
3	插件电阻	2	R6，R8	3R3
4	插件电阻	1	R4	2R2
5	插件电阻	1	R9	150kΩ
6	瓷片电容	1	C3	102/1000V
7	电解电容	2	C1，C2	10μF/400V
8	电解电容	1	C4	10μF/25V
9	CBB 电容	1	C5	104/630V
10	二极管	7	D1～D7	1N4007
11	二极管	1	D8	FR107
12	插脚芯片	1	U1	DIP8，BP2822
13	熔丝管	1	F1	1A/250V
14	带透明盖子熔丝管座	1	F1	BLX-A
15	2 位端子	1	J1，J2	HB-9500-2P
16	电路板测试针	9	G1～G9	铜镀金/陶瓷/黑
17	三脚拨动开关	2	S1，S2	
18	PCB	1		教学板 102
19	变压器	1	T1（L1）	EPC13

（3）电路制作及调试

① 元器件检测与识别：检查套件中的元件型号、参数是否与表 4-2-3 相符，并逐一检测各元器件的质量好坏。

② 电路安装与焊接：根据图 4-2-2 及实训板上元器件的布局进行元器件的正确安装与焊接。

③ 电路运行与调试：为了安全起见，通电前须再次检查制作好的电路板，重点检查有极性的元器件有无接反（如整流二极管、滤波电容、IC 芯片等），相邻的焊盘间焊点有无短路情况，有无虚焊、假焊或脱焊现象。如发现问题，要及时处理，以防通电后发生意外，造成损失。若未发现问题，则可接上电源线及 LED 负载通电运行及调试。

3. 驱动电源性能参数的测量

电路制作完成并正常运行后，可对其进行相关性能参数的测量，如输出功率、输出电压。一般情况下要测量驱动电源的输入、输出参数及功率因数等。

（1）输出参数（U_O、I_O、P_O）的测量

输出参数的测量可按照以下步骤进行。

① 检查电路板，将开关 S1、S2 拨到"ON"位置。

② 连接驱动电源与电子负载仪，如图 4-2-7 所示。

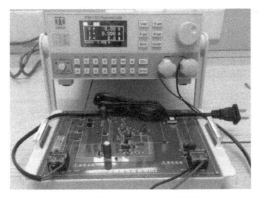

图 4-2-7　驱动电源与电子负载仪连接图

③ 上电测量，记录参数。由于该驱动电源为恒流驱动电源，因此应将电子负载仪设定在 CV（恒定电压）模式下进行测试。保持 S1、S2 为接通状态（即拨至"ON"位置），给电路板接上 220V 交流电源，改变电子负载仪定电压值，逐一测量相关参数，并将结果填入表 4-2-4 中。

表 4-2-4　输出参数测量结果

设定电子负载仪电压（V）	输出电压 U_O（V）	输出电流 I_O（A）	输出功率 P_O（W）
<80			
90			
100			
110			
120			
>130			

分析测量数据，思考并完成如下问题。

驱动电源输出电压范围为＿＿＿＿＿＿＿＿＿＿＿＿＿＿。

驱动电源输出功率范围为＿＿＿＿＿＿＿＿＿＿＿＿＿＿。

驱动电源输出电流为＿＿＿＿＿＿＿＿＿＿＿＿＿＿。

（2）功率因数与输入参数的测量

功率因数的大小与电路的负荷性质有关，它是电力系统的重要技术数据之一，是衡量电气设备效率高低的一个参数。功率因数低，说明电路用于交变磁场的无功功率大，这会降低设备的利用率，增加线路供电损失。本次实训的电路带有功率因数校正电路，理论上功率因数可达到 0.9 以上。

功率因数的测试方法：将待测 LED 驱动电源的输入端接上专用的电量测试仪，输出端接上 LED 模组或者电子负载仪，接通电源后进行测量，记录数据。

本实训采用的电量测试仪（型号 PF9800）可以直接测量出驱动电源的输入参数（输入电压 U_I、输入电流 I_I 和输入功率 P_I）和功率因数（PF）。测量时须用两根导线将 LED 驱动电源的交流输入端子 J1 与电量测试仪的"被测负载/LOAD"端子（该端子设在仪器的背面）进行连接（不分极性），电量测试仪的"被测输入/SOURCE"端子接入 220V 交流电，LED 驱动电源的直流输出端子 J2 接 LED 灯串（或电子负载仪）。连接示意图如图 4-2-8 所示。

图 4-2-8　电量测试仪与恒流驱动电源连接示意图

功率因数与输入参数的测量可按照以下步骤进行。

① 按要求连接好设备，可参照图 4-2-8 进行连接。

② 检查连接无误后，上电测量数据。以图 4-2-9 所示的结果为例，窗口 A 显示的是该驱动电源的交流输入电压 U_I=237.8V，窗口 B 显示的是该驱动电源的输入电流 I_I=0.088A，窗口 C 显示的是该驱动电源的输入功率 P_I=10.6W，而窗口 D 显示的则是该驱动电源的功率因数 0.507（该驱动电源不是本实训所用驱动电源，由于不包含 PFC 电路，故其功率因数较低）。

图 4-2-9　电量测试仪测量结果

③ 按照上述操作方法，将非隔离恒流驱动电源实训板与电量测试仪连接好，如图 4-2-10 所示，把测试开关 S1、S2 拨到 "ON" 位置，上电测量，观察测试仪的显示数值，并将结果记录在表 4-2-5 中。

图 4-2-10　非隔离恒流驱动电源实训板与电量测试仪连线图

表 4-2-5　输入参数及功率因数测量结果

测试项目 测试条件	输入电压 U_i （V）	输入电流 I_i （A）	输入功率 P_i （W）	功率因数
负载接 LED 灯串（6W）				

分析测量数据并与图 4-2-9 所示的测量结果进行比较，回答下列问题。

该驱动电源功率因数高的原因是＿＿＿＿＿＿＿＿＿＿＿＿＿。

 考核

	任务考核内容	标准分值	自我评分分值×50%	教师评分分值×50%
专业知识与技能	任务计划阶段			
	实训任务要求	10		
	任务执行阶段			
	熟悉电路连接	5		
	实训效果展示	5		
	理解电路原理	5		
	实训设备使用	5		
	任务完成阶段			
	元器件检测	5		
	元器件装配与焊接	10		
	运行与调试	10		
	电气性能参数测量 （含关键点电压测量）	25		
职业素养	规范操作（安全、文明）	5		
	学习态度	5		
	合作精神及组织协调能力	5		
	交流总结	5		
	合计	100		

学生心得体会与收获：

教师总体评价与建议：

教师签名：　　　　　　　日期：

任务三　无辅助绕组 LED 隔离驱动电源的制作与测试

无辅助绕组 LED 隔离驱动电源由高性能开关电源控制芯片 DK112 构成，被广泛应用于电源适配器、LED 电源、电磁炉、空调、DVD 等产品中。

任务目标

知识目标

1. 了解无辅助绕组 LED 隔离驱动电源的组成结构及功能；
2. 了解驱动电源恒流控制芯片 DK112 的相关知识；
3. 掌握驱动电源电路工作原理及制作方法。

技能目标

1. 掌握驱动电源外接 LED 模组的方法；
2. 掌握无辅助绕组 LED 隔离驱动电源的制作方法；
3. 掌握驱动电源电气参数的测量方法。

任务内容

1. 无辅助绕组 LED 隔离驱动电源的制作与调试；
2. LED 隔离恒压驱动电源主要电气参数的测量。

知识

1. 驱动芯片 DK112 简介

DK112 是小功率开关电源专用控制芯片，其引脚图及外形图如图 4-3-1 所示。

DK112 采用双芯片控制，内建自供电电路，无须外加电源。芯片内集成了高压恒流启动电路，无须外加启动电阻，有效降低了外部元器件的数量和成本。DK112 带有过流保护电路、防过载保护电路、输出短路保护电路、温度保护电路及光耦失效保护电路。而且其内置高压保护，当输入母线电压高于保护电压时，芯片将自动关闭并延时重启。芯片引脚功能描述见表 4-3-1。

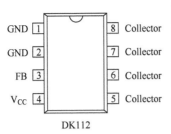

图 4-3-1 DK112 引脚图及外形图

表 4-3-1 DK112 引脚功能描述

引 脚 号	引 脚 名 称	功 能 描 述
1	GND	直接接地
2	GND	直接接地
3	FB	反馈控制端
4	VCC	供电引脚
5～8	Collector	输出引脚，连接芯片内高压开关管 Collector 端，与开关变压器相连

2. 光电耦合器 PC817 简介

光电耦合器 PC817 被广泛用于电路之间的信号传输，使之前端与负载完全隔离，目的在于增强安全性，减小电路干扰，简化电路设计。本任务中的电路设计是将输出回路的电压变化通过 PC817 隔离并反馈到 DK112 的反馈控制端。PC817 内部结构及外形如图 4-3-2 所示，引脚功能描述见表 4-3-2。

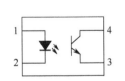

图 4-3-2 PC817 内部结构及外形

表 4-3-2 PC817 引脚功能描述

引脚号	描述
1	输入：阳极
2	输入：阴极
3	输出：发射极
4	输出：集电极

输入端加电信号时，发光器发出光线，照射在受光器上，受光器接收光线后导通，产生光电流从输出端输出，从而实现"电—光—电"的转换。随着输入信号的强弱变化会产生相应的光信号，使光敏晶体管的导通程度发生变化，输出的电压或电流也随之变化。

3. 电路工作原理

无辅助绕组 LED 隔离驱动电源原理图如图 4-3-3 所示，其组成结构框图如图 4-3-4 所示。电路通过芯片 DK112 控制输出电压保持恒定。

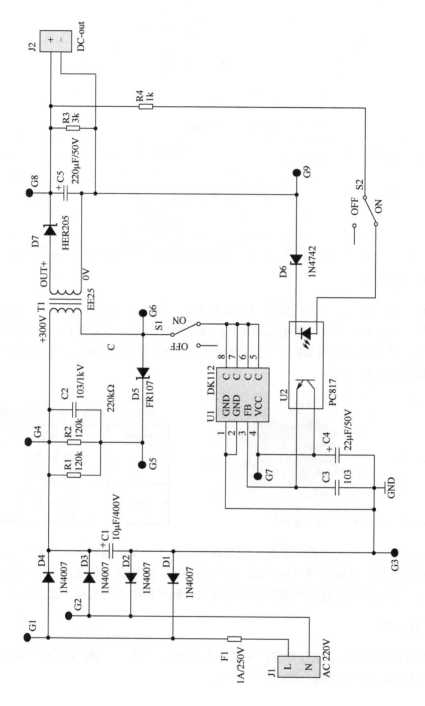

图 4-3-3 无辅助绕组 LED 隔离驱动电源原理图

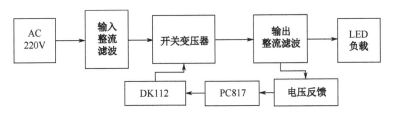

图 4-3-4　无辅助绕组 LED 隔离驱动电源组成结构框图

下面简要介绍各部分电路功能。

① AC 220V 交流电压输入，整流二极管 D1～D4 和电容 C1 组成输入整流滤波电路。

② 电阻 R1、R2，电容 C2 及二极管 D5 构成 RCD 尖峰吸收电路。

③ 开关变压器 T1 在电路中起能量转化与隔离作用。

④ 快恢复二极管 D7、C5、R3 组成输出整流滤波电路。

⑤ 电阻 R3 为泄放电阻（假负载），在电路断电后释放 C5 两端的电压。

⑥ PC817、稳压管 D6、电阻 R4、开关 S2 组成反馈电路，将输出电压通过 PC817 反馈到芯片 DK112 的反馈控制端 FB。

⑦ 电容 C3 的作用主要是平滑引脚 FB 的电压，减少反馈电压突变。

 实训

如图 4-3-5 所示为无辅助绕组 LED 隔离驱动电源实训板。本次实训采用高性能开关电源控制芯片 DK112 设计恒压驱动电源。

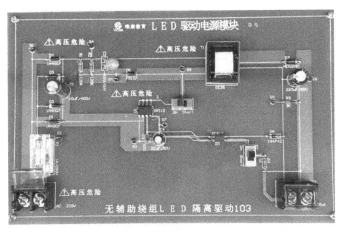

图 4-3-5　无辅助绕组 LED 隔离驱动电源实训板

开关稳压电源是一种新型电源，具有体积小、重量轻、功耗低、效率高、纹波小、稳压范围宽、输出功率大、智能化程度高、使用方便等优点，被广泛应用于彩色电视机、DVD、VCD、电脑等各类家用电器中。目前，LED 照明驱动电源也大多采用这类电源。

1. 驱动电源的连接与效果展示

熟悉无辅助绕组 LED 隔离驱动电源实训板连接图。输入电源为 AC 220V，输入端子

J1 不分正负极；直流输出端子 J2 须注意正负极（"+"和"–"），绝不允许接反。驱动电源负载采用工作电压为 12V、工作电流约为 900mA 的高亮度蓝光 LED 灯带，灯带结构是每 3 个 LED 灯珠串联为独立的一组（每剪 3 个灯珠）并接在 12V 供电电路上，通常有每米 60 个灯珠和 30 个灯珠两种规格，灯珠连接电路如图 4-3-6 所示。无辅助绕组 LED 隔离驱动电源连线示意图如图 4-3-7 所示。

图 4-3-6 灯珠连接电路图

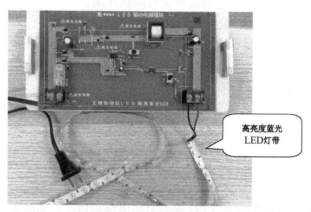

图 4-3-7 无辅助绕组 LED 隔离驱动电源连线示意图

检查连接无误并确认两个测试开关 S1、S2 均拨到"ON"位置后，接入 220V 交流电，观察驱动电源工作是否正常。若 LED 灯带能正常发光，则说明线路连接正确，LED 驱动电源工作基本正常。发光效果如图 4-3-8 所示。

图 4-3-8 LED 灯带发光效果图

2. 驱动电源的制作与调试

（1）实训器材

无辅助绕组 LED 隔离驱动电源实训板及其套件、常用电工工具（尖嘴钳、镊子、螺丝刀等）、检测仪器（万用表、电子负载仪、智能电量测试仪等）、电烙铁（含烙铁架、松香、焊锡丝）等。

（2）材料清单

套件材料清单见表 4-3-3。

表 4-3-3　无辅助绕组 LED 隔离驱动电源套件材料清单

序　号	材料名称	型号或规格	位置标识	数　量
1	插件电阻	1kΩ	R4	1
2	插件电阻	3kΩ	R3	1
3	插件电阻	120kΩ	R1，R2	2
4	瓷片电容	103/50V	C3	1
5	瓷片电容	103/1000V	C2	1
6	二极管	1N4742	D6	1
7	二极管	1N4007	D1～D4	4
8	二极管	FR107	D5	1
9	二极管	HER205	D7	1
10	插脚芯片	DK112	U1	1
11	插脚光耦	PC817	U2	1
12	电解电容	10μF/400V	C1	1
13	电解电容	22μF/50V	C4	1
14	电解电容	220μF/50V	C5	1
15	熔丝管	1A/250V	F1	1
16	带透明盖子熔丝管座	BLX-A	F1	1
17	电路板测试针	铜镀金/陶瓷/黑	G1～G9	9
18	2 位端子	HB-9500-2P	J1，J2	2
19	三脚拨动开关		S1，S2	2
20	PCB	教学板 103		1
21	变压器	EE25	T1	1

（3）电路制作与调试

① 元器件检测：检查套件中的元器件型号与表 4-3-3 是否相符，并且检测各元器件的质量好坏。

② 电路安装与焊接：根据图 4-3-3 及实训板进行元器件的正确安装与焊接。

③ 运行与调试：为了安全起见，通电前须再次检查制作好的电路板的安装及焊接情况，如未发现问题，即可接上电源线及 LED 负载运行及调试。

3. 电气参数的测量

（1）输出参数的测量

连接无辅助绕组 LED 隔离驱动电源与电子负载仪，如图 4-3-9 所示。

由于该驱动电源的驱动方式为恒压式，故将电子负载仪设定在恒定电流（CC）模式下进行测试。保持 S1、S2 为接通状态，接上电源，改变电子负载仪的定电流值进行测量，并将结果填入表 4-3-4 中。

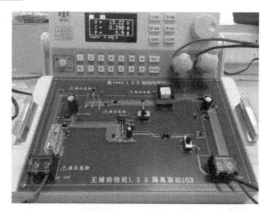

图 4-3-9　LED 驱动电源与电子负载仪连接图

表 4-3-4　输出参数测量结果

设定负载电流（A）	输出电压 U_O（V）	输出电流 I_O（A）	输出功率 P_O（W）
0.1			
0.5			
0.8			
1.0			
1.3			
>1.5			

根据测量结果进行分析，回答下列问题。

LED 驱动电源输出电压是否恒定？_____。

输出电压 U_O 约为_____。

LED 驱动电源最大输出电流为_____。

LED 驱动电源最大输出功率为_____。

（2）输入参数及功率因数的测量

电量测试仪（PF9800）与无辅助绕组 LED 隔离驱动电源的连接方法与本项目任务二中相同。

驱动电源连接的负载选择工作电压为 12V、工作电流为 900mA 的 LED 灯带（高亮度蓝光 LED 灯带约 1.5m 长），连接图如图 4-3-10 所示。接通电源，将测量结果填入表 4-3-5 中。

图 4-3-10　驱动电源与 LED 灯带及电量测试仪连接图

表 4-3-5 动电源输入参数及功率因数测量

测试项目 测试条件	输入电压 U_1(V)	输入电流 I_1(A)	输入功率 P_1(W)	功 率 因 数
LED 灯带（12V，900mA）				

考核

任务考核内容		标准分值	自我评分分值×50%	教师评分分值×50%
	任务计划阶段			
专业知识与技能	实训任务要求	10		
	任务执行阶段			
	熟悉电路连接	5		
	实训效果展示	5		
	理解电路原理	5		
	实训设备使用	5		
	任务完成阶段			
	元器件检测	5		
	元器件装配与焊接	10		
	运行与调试	10		
	电气性能参数测量 （含关键点电压测量）	25		
职业素养	规范操作（安全、文明）	5		
	学习态度	5		
	合作精神及组织协调能力	5		
	交流总结	5		
	合计	100		

学生心得体会与收获：

教师总体评价与建议：

教师签名：　　　　　　日期：

任务四 外置 MOS 管恒流驱动
电源的制作与检测

外置 MOS 管恒流驱动电源由驱动芯片 CL1100 构成，由于芯片内无内置大功率 MOS 管，因此芯片可以做得更小，也无须考虑散热问题。该驱动电源主要应用于低功率 AC/DC 电池充电器和电源适配器的高性能隔离式 PWM 控制器中。

任务目标 ⊕

知识目标

1. 了解外置 MOS 管恒流驱动电源的基本结构；
2. 熟悉驱动电路中各模块的作用；
3. 掌握外置 MOS 管恒流驱动电源电路工作原理及制作方法。

技能目标

1. 掌握驱动电源外接 LED 模组的方法；
2. 掌握外置 MOS 管恒流驱动电源的制作及调试方法；
3. 掌握外置 MOS 管恒流驱动电源电气参数的测量方法。

任务内容 ⊕

1. 外置 MOS 管恒流驱动电源的制作与调试；
2. 外置 MOS 管恒流驱动电源主要电气参数的测量。

 知识

1. 电源驱动芯片 CL1100 简介

CL1100 引脚排列和外形图如图 4-4-1 所示，采用贴片式 SOT23-6 封装。它利用原边反馈工作原理，在恒流控制当中，电流和输出功率设置可以通过 CS 引脚的感应电阻进行外部检测。CL1100 提供电源的软启动控制和保护范围内的自动修复功能，包括逐周期电流限制、VDD 过压保护功能、VDD 电压钳位功能和欠压保护功能等。专用的频率抖动技术确保良好的 EMI 性能得以实现。CL1100 可以实现高精度的恒压和恒流。CL1100 引脚功能描述见表 4-4-1。

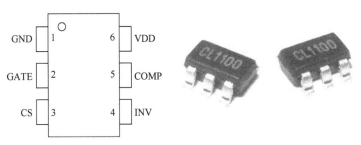

图 4-4-1 CL1100 引脚排列和外形图

表 4-4-1 CL1100 引脚功能描述

引 脚 号	引 脚 名 称	功 能 描 述
1	GND	接地
2	GATE	外置功率 MOSFET 驱动端
3	CS	电流检测输入连接到 MOSFET 的电流检测的电阻节点
4	INV	输出电压反馈输入端（辅助绕组进行电压反馈，连接电阻分压器和辅助绕组反映输出电压）
5	COMP	环路补偿，提高恒压稳定性
6	VDD	接电源

2. 电路工作原理

外置 MOS 管恒流电源驱动原理图如图 4-4-2 所示。其基本组成结构框图如图 4-4-3 所示。

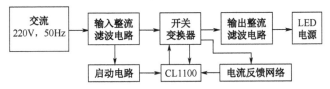

图 4-4-3 外置 MOS 管恒流驱动电源基本组成结构框图

下面简要介绍电路功能。

① 整流桥 D1～D4 和滤波电容 C1 组成输入整流滤波电路，将 220V 交流输入电压变换为约 300V 的直流电压。

② 电阻 R1、R2 和开关 S1 组成电源启动电路，在电路接通瞬间为 CL1100 提供正常启动工作电压，确保其进入正常工作状态。电路接通前，若开关 S1 断开，电路将无法正常工作；若开关 S1 闭合，电路将正常工作。当电路进入正常工作状态后，断开 S1，电路仍能继续正常工作。

③ 电容 C2、电阻 R4、整流二极管 D5 和开关变压器 T1 的辅助绕组组成供电电路，为芯片 CL1100 的 6 脚（VDD）提供正常工作电压。

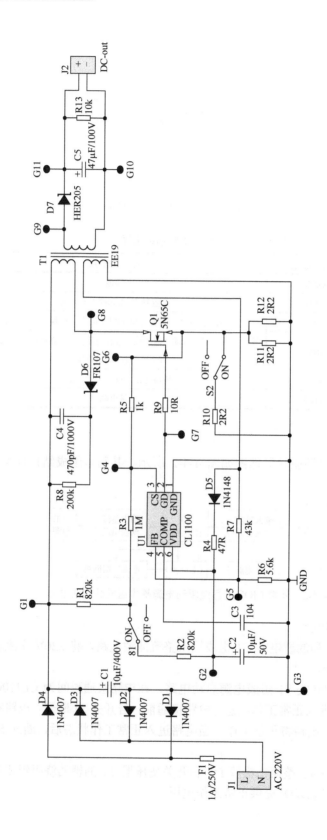

图 4-4-2 外置 MOS 管恒流驱动电源原理图

④ 辅助绕组输出电压经电阻 R7 和 R6 分压后反馈到芯片 CL1100 的 4 脚,实现自动稳定输出电压的作用。调节这两个电阻的比值可以适当改变输出电压大小。由于某种原因导致输出电压升高时,辅助绕组电压升高,R6 两端电压升高,反馈到芯片 4 脚的电压升高,从而使输出电压降低,达到稳定输出电压的目的。

⑤ 电阻 R10、R11、R12 和开关 S2 组成输出电流调节电路,断开开关 S2,R11、R12 并联电阻值增大,使输出电流减小。

⑥ 电阻 R8、电容 C4 和二极管 D6 组成尖峰吸收电路,防止外置 MOS 管被反向击穿。

⑦ 整流二极管 D7 和电容 C5、R13(假负载)组成输出整流滤波电路,为 LED 光源提供恒定的电流。

 实训

1. 驱动电源的连接与效果展示

如图 4-4-4 所示为外置 MOS 管恒流驱动电源实训板。

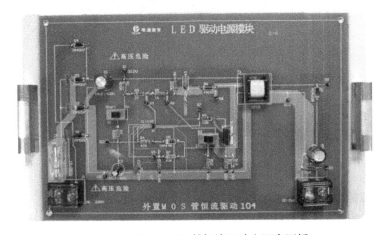

图 4-4-4　外置 MOS 管恒流驱动电源实训板

熟悉 LED 恒流驱动电源实训板与交流电源及直流负载的连接。输入端子 J1 接 220V 交流电,不分正负极;直流输出端子 J2 须注意正负极的接法,绝不允许接反。

负载选择功率为 8～18W、驱动电流为 600mA 左右的高亮度 LED 绿光灯带(长度约为 1m),灯带内部的 LED 灯珠连接电路如图 4-4-5 所示。

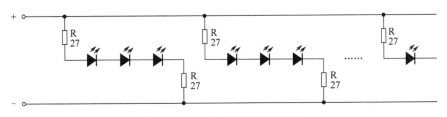

图 4-4-5　LED 灯珠连接电路图

外置 MOS 管恒流驱动电源连接示意图如图 4-4-6 所示。

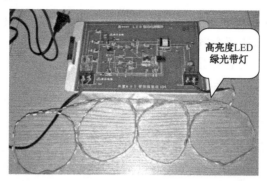

图 4-4-6 外置 MOS 管恒流驱动电源连接示意图

经检查连接无误并确认两个测试开关 S1、S2 均拨到 "ON" 位置后，接入 220V 交流电，观察驱动电源工作是否正常。如果线路连接正确且驱动电源工作基本正常，LED 灯带应能正常发光。如图 4-4-7 所示为 LED 灯带正常发光效果图。

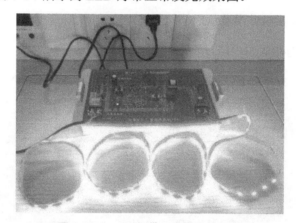

图 4-4-7 LED 灯带正常发光效果图

2. 驱动电源的制作与调试

（1）实训器材

外置 MOS 管恒流驱动电源实训板及其套件、常用电工工具（尖嘴钳、镊子、螺丝刀等）、检测仪器（万用表、电子负载仪、智能电量测试仪等）、电烙铁（含烙铁架、松香、焊锡丝）及导线等。

（2）材料清单

套件材料清单见表 4-4-2。

表 4-4-2 外置 MOS 管恒流驱动电源套件材料清单

序 号	材料名称	数 量	位置标识	型号或规格
1	插件电阻	3	R10，R11，R12	2.2R
2	插件电阻	1	R9	10R
3	插件电阻	1	R4	47R
4	插件电阻	1	R5	1kΩ
5	插件电阻	1	R6	5.6kΩ，1%

序　号	材料名称	数　量	位置标识	型号或规格
6	插件电阻	1	R7	43kΩ，1%
7	插件电阻	1	R8	200kΩ
8	插件电阻	2	R1，R2	820kΩ
9	插件电阻	1	R3	1MΩ
10	瓷片电容	1	C3	104/50V
11	瓷片电容	1	C4	470pF/1000V
12	贴片芯片	1	U1	CL1100
13	电解电容	1	C2	10μF/50V
14	电解电容	1	C1	10μF/400V
15	电解电容	1	C5	47μF/100V
16	场效应管	1	Q1	FQPF5N65C
17	二极管	4	D1～D4	1N4007
18	二极管	1	D5	1N4148
19	二极管	1	D6	FR107
20	二极管	1	D7	HER205
21	熔丝管	1	F1	1A/250V
22	带透明盖子熔丝管座	1	F1	BLX-A
23	电路板测试针	11	G1～G11	铜镀金/陶瓷/黑
24	2 位端子	2	J1，J2	HB-9500-2P
25	三脚拨动开关	2	S1，S2	
26	PCB	1		教学板 104
27	变压器	1	T1	EE19

（3）电路制作与调试

① 检测元器件：首先清点套件中元器件的数量是否齐全、有无缺漏，检查元器件的规格及型号与清单是否相符（如电容器的容量及耐压，整流管、IC 芯片的型号等）。然后用万用表逐一检测元器件的质量好坏，检查其参数是否符合规定。

② 电路安装与焊接：按照实训板原理图进行元器件的正确安装。安装时要对号入座，元器件要尽量压低安装，以防分布参数影响电路性能指标。对于有极性的元器件，要注意其极性的正确接法（如电解电容、二极管等），不能接反。焊接时要求焊点光亮、牢固，不得有虚焊及焊点间短路现象。

③ 运行与调试：元器件安装完毕后，为了安全起见，通电前须再次检查电路板是否有元器件接错或虚焊、假焊等情况。如未发现问题，即可接上电源线及 LED 灯带负载，切记交流输入与直流输出不能反接，直流输出端的极性也不能接反，然后把测试开关拨到"ON"位置，接入 AC 220V 电源运行试验。观察驱动电源能否可靠稳定地工作，如发现异常，应及时切断交流电源进行处理，待问题解决后再进行测试。

3. 关键点电压及主要电气参数的测量

（1）芯片电压的测量

用万用表测量芯片 CL1100 引脚电压，注意万用表电压挡位的正确选择及参考零电位的选取，初级侧的接地端为 G3，而次级侧（输出端）的接地端为 G10，将测量结果填入表 4-4-3 中。

表 4-4-3　芯片 CL1100 引脚电压测量结果

CL1100 引脚号	选择电压挡位	电压值（V）	CL1100 引脚号	选择电压挡位	电压值（V）
1（G3）			4（G5）		
2（G7）			5		
3（G4）			6（G2）		

（2）电路关键点电压的测量

用万用表测量电路中各关键点的电压，并将测量结果填入表 4-4-4 中。

表 4-4-4　电路关键点电压测量结果

关　键　点	电 压 挡 位	电压（V）	关　键　点	电 压 挡 位	电压（V）
G1			G8		
G4			G9		
G6			G11		

（3）主要电气参数的测量

利用电子负载仪测量驱动电源的电气参数，外置 MOS 管恒流驱动电源与电子负载仪的正确连接如图 4-4-8 所示。

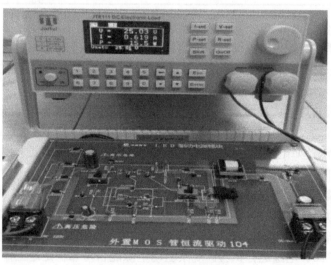

图 4-4-8　外置 MOS 管恒流驱动电源与电子负载仪连接图

将电子负载仪设定在恒定电压（CV）模式下进行测试。给电路板接入 220V 交流电源，改变电子负载仪的定电压值进行测量，并将结果填入表 4-4-5 中。

表 4-4-5　主要电气参数测量结果

设定负载电压（V）	输出电压（V）	输出电流（A）	输出功率（W）
<5			
10			
20			
30			
>35			

观察表 4-4-5 中的测量值，回答如下问题。

为什么负载电压设定为 5V 左右时，负载显示值处于不稳定状态？_____。

外置 MOS 管恒流驱动电源输出电压范围为_____。

外置 MOS 管恒流驱动电源输出电流基本稳定在_____。

外置 MOS 管恒流驱动电源输出功率范围为_____。

（4）输入参数及功率因数的测量

电量测试仪（PF9800）与外置 MOS 管恒流驱动电源的连接方法与本项目任务二中相同，如图 4-4-9 所示。

图 4-4-9　外置 MOS 管恒流驱动电源与电量测试仪连接示意图

改变负载 LED 灯带的长度（即改变负载功率大小）进行测试，观察电量测试仪显示的输入参数及功率因数的变化情况，并将测量结果记录在表 4-4-6 中。

表 4-4-6　输入参数及功率因数测量结果

测试项目 / 测试条件	输入电压 U_I（V）	输入电流 I_I（A）	输入功率 P_I（W）	功 率 因 数
负载增大时（60cm）				
负载减小时（30cm）				

观察表 4-4-6 中的测量值，回答如下问题。

负载变化为何会引起功率因数的变化？_____。

考核

任务考核内容		标准分值	自我评分分值×50%	教师评分分值×50%
专业知识与技能	任务计划阶段			
	实训任务要求	10		
	任务执行阶段			
	熟悉电路连接	5		
	实训效果展示	5		
	理解电路原理	5		
	实训设备使用	5		
	任务完成阶段			
	元器件检测	5		
	元器件装配与焊接	10		
	运行与调试	10		
	电气性能参数测量 （含关键点电压测量）	25		
职业素养	规范操作（安全、文明）	5		
	学习态度	5		
	合作精神及组织协调能力	5		
	交流总结	5		
合计		100		

学生心得体会与收获：

教师总体评价与建议：

教师签名：　　　　　　日期：

任务五 大功率恒流驱动电源的制作、检测与故障维修

LED 驱动电源具有高集成度、高性价比、最简外围电路、最佳性能指标等特点，正朝着单片集成化、智能化、高效节能、绿色环保的方向发展。通常将 LED 驱动电源输出功率在 12W 以内的称为小功率，在 12～40W 的称为中功率，而大于 40W 的称为大功率。本任务介绍的大功率恒流驱动电源的输出功率最大可达 60W，功率因数大于 0.9，电源转换效率超过 85%，主要应用于室外照明、区域照明及路灯照明等领域。

任务目标

知识目标

1. 了解大功率恒流驱动电源驱动芯片的基本功能及应用；
2. 掌握大功率恒流驱动电源的组成结构及基本原理；
3. 掌握用万用表检测电子元器件的方法。

技能目标

1. 掌握大功率恒流驱动电路的制作与调试方法；
2. 掌握大功率恒流驱动电源主要电气参数的测量方法；
3. 掌握 LED 驱动电源典型故障分析与检修方法。

任务内容

1. 大功率恒流驱动电源的制作与调试；
2. 大功率恒流驱动电源主要电气参数的测量；
3. LED 驱动电源典型故障分析与检修。

 知识

1. 驱动芯片 L6562N 简介

L6562N 采用 DIP8 封装，如图 4-5-1 所示。其外形图如图 4-5-2 所示，引脚功能见表 4-5-1。

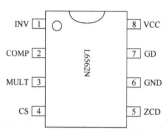

图 4-5-1　L6562N 引脚封装图

图 4-5-2　L6562N 外形图

表 4-5-1　L6562N 引脚功能

引 脚 号	引 脚 名 称	功 能 描 述
1	INV	反馈电压输入端
2	COMP	内部乘法器的另一个输入端及电压误差放大器的输出端
3	MULT	内部乘法器的输入端
4	CS	MOS 管电流采样（检测）输入端
5	ZCD	芯片零电流（过零）检测端
6	GND	芯片的参考地
7	GD	芯片驱动信号输出端
8	VCC	芯片电源输入端

2. 电路原理简述

大功率恒流 LED 驱动电源总电路如图 4-5-3 所示。该电路由输入整流滤波电路、开关能量转换与恒压/恒流反馈控制及保护电路、输出整流滤波电路等部分组成。F1 是输入熔丝管，可在驱动电源内部有元器件损坏（如 IC 芯片或 MOS 管被击穿短路）时保护供电系统的安全。R1 是负温度系数热敏电阻，控制输入回路的启动冲击电流，冷态时其阻值较大，在开机时可起限制输入浪涌电流的作用；当电路正常工作时，其阻值变小，不影响电路工作。C2、T1、C3 组成输入 EMI（抗电磁干扰）滤波电路，既可消除电网对开关电源的工作影响，又可抑制开关电源对电网的干扰。R2 是压敏电阻，起抗雷击作用。D1 是整流桥堆，将交流输入电压整流滤波（C4 容量小）后输出约 250V 的直流高压，该电压一路经开关变压器 T2 初级绕组（主绕组）送至外置 MOS 管 Q3 的漏极，以提供漏极电压；另一路通过 R6、开关 S1、R7 组成的芯片启动电路（若启动前断开开关 S1，电路将不工作），为电源芯片 U1（L6562N）的 8 脚提供启动电压，使开关振荡器起振，电路开始工作。由 D4、R8、R9、C8 组成的 RCD 尖峰吸收电路，可保护外置 MOS 管 Q3（10N60C）在截止时不会因尖峰电压过高而被击穿损坏。电路正常启动后（此时断开开关 S1，不会影响电路工作），由 T2 的辅助绕组 N3 及 R10、D3、C6、C7、D2 构成的辅助供电电路，为芯片 U1 的 8 脚提供合适的供电电压 VCC，该电压一般控制在 12V 左右，因为 MOS 管 Q3 的栅极有 12V 的驱动电压就足够了，电压太低可能会引起驱动不足而降低电源转换效率，但在测试短路保护时功率较低，可靠性高；如果驱动电压太高，则驱动器损耗加大，IC 芯片的功耗也加大，致使 IC 芯片发热量增加，势必影响电路的可靠性。VCC 电压太高时，可能在输出短路时不能使驱动器工作在"打嗝"状态，因此短路功率增大，容易损坏 IC 芯片。VCC 电压设计比较容易，只要合理地调整辅助绕组 N3 的匝数与 R10 的阻值就能满足要求。电路进入正常工作状态（开关振荡）后，因输出是高频低压，故输出整流二极管 D7 要选反向恢复时间短的二极管（快恢复二极管），否则会影响电路的转换效率。由 D7、C15、C16、C17、R22、R23 组成输出整流滤波电路，输出的电流基本恒定，在额定负载下约为 1350mA，但输出电压却有很宽的范围，这与实际使用的 LED 灯串负载有关，空载时的输出电压约为 38V。

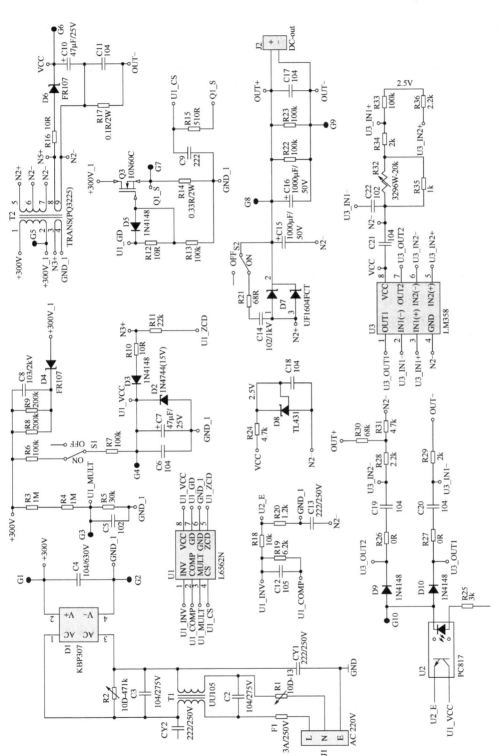

图 4-5-3　大功率恒流 LED 驱动电源总电路

二次侧整流滤波电路 R16、D6、C10 产生二次辅助供电 VCC，为电压比较器 U3（LM358）、恒压电路（TL431 等元器件组成的基准稳压源）、光电耦合器 PC817 及恒流反馈取样电路（R17、R32～R36 等）提供工作电压。输出恒压及电流反馈取样电路采用比较常用的电路，用小阻值的采样电阻对 LED 的电流进行采样，再与基准电压进行比较，将误差信号通过负反馈形成闭路调节，从而使输出稳定在某一数值上。在设计时要特别注意 R17 取样电阻阻值的精度及额定功率值（0.1Ω/2W），阻值决定了过流点的大小，额定功率值决定了电路的安全性。

 实训

1. 驱动电源的连接及效果展示

大功率恒流 LED 驱动电源实训板如图 4-5-4 所示。从其结构上看，其属于典型的隔离反激式恒流驱动电源，通过开关变压器 T2 及光电耦合器 PC817 实现隔离作用，使交流电线路电压与 LED 灯串负载之间没有物理上的电气连接，实现了高低压完全隔离，安全可靠，因此在次级侧连接 LED 灯串负载或测量驱动电源输出参数时不会有触电的危险。但在初级侧即交流输入端至开关变压器 T2 初级绕组之间的电路仍带高电压，在检测这部分电路时，一定要特别小心，以防触电。

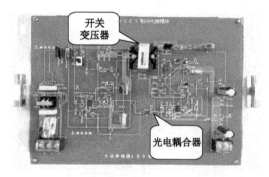

图 4-5-4　大功率恒流 LED 驱动电源实训板

在连接电源线及 LED 灯串负载时仍要注意"交流输入"与"直流输出"是不能反接的，电源线接在交流输入端子 J1 上，而 LED 灯串负载接在直流输出端子 J2 的"+"和"−"上，正负极不能接反，正确连接如图 4-5-5 所示。LED 灯串负载可自行设计，工作电流为1.3A 左右，工作电压不超过 36V 即可（参考图 4-1-6 所示电路，按 4 并 9 串的连接方式制作）。

将两个测试开关 S1（设置在启动电路）、S2（设置在二次尖峰吸收电路）拨到"ON"位置，然后接通 220V 交流电，这时 LED 灯串点亮，其发光效果图如图 4-5-6 所示。

图 4-5-5　大功率恒流 LED 驱动电源正确连接示意图

图 4-5-6　LED 灯串发光效果图

2．驱动电源的制作与调试

（1）实训器材

大功率恒流驱动电源实训板及其套件、常用电工工具（尖嘴钳、镊子、螺丝刀等）、检测仪器（万用表、电子负载仪、电量测试仪等）、电烙铁（含烙铁架、松香、焊锡丝）及导线等。

（2）材料清单

大功率恒流驱动电源套件材料清单见表 4-5-2。

表 4-5-2　大功率恒流驱动电源材料清单

序　号	材 料 名 称	数　量	位 置 标 识	型号或规格
1	插件电阻	2	R26，R27	0R
2	插件电阻	1	R17	0.1R/2W
3	插件电阻	1	R14	0.33R/2W
4	插件电阻	3	R10，R12，R16	10R
5	插件电阻	1	R21	68R
6	插件电阻	1	R15	510R
7	插件电阻	1	R35	1kΩ

序　号	材　料　名　称	数　量	位　置　标　识	型号或规格
8	插件电阻	1	R20	1.2kΩ
9	插件电阻	2	R29，R34	2kΩ
10	插件电阻	2	R28，R36	2.2 kΩ
11	插件电阻	1	R25	3 kΩ
12	插件电阻	1	R24，R31	4.7 kΩ
13	插件电阻	1	R19	6.2 kΩ
14	插件电阻	1	R18	10 kΩ
15	插件电阻	1	R11	22 kΩ
16	插件电阻	1	R5	30 kΩ
17	插件电阻	1	R30	68 kΩ
18	插件电阻	6	R6，R7，R13，R22，R23，R33	100 kΩ
19	插件电阻	2	R8，R9	200 kΩ
20	插件电阻	2	R3，R4	1MΩ
21	压敏电阻	1	R2	10D-471 kΩ
22	负温度系数热敏电阻	1	R1	10D-13
23	精密电位器	1	R32	3296W-20 kΩ
24	瓷片电容	2	C5，C22	102/50V
25	高压瓷片电容	1	C14	102/1000V
26	瓷片电容	1	C9	222/50V
27	瓷片电容	3	CY1，CY2，C13	222/250V
28	高压瓷片电容	1	C8	103/2000V
29	瓷片电容	5	C6，C11，C17，C18，C21	104/50V
30	薄膜电容	1	C4	104/630V
31	独石电容	3	C12，C19，C20	105/50V
32	二极管	4	D3，D5，D9，D10	1N4148
33	二极管	1	D2	1N4744
34	二极管	2	D4，D6	FR107
35	基准稳压管	1	D8	TL431
36	插件光耦器	1	U2	PC817
37	肖特基整流二极管	1	D7	UF1604FCT
38	整流桥堆	1	D1	KBP307
39	场效应晶体管	1	Q3	FQPF-10N60C
40	插件芯片	1	U1	L6562N
41	插件芯片	1	U3	LM358P
42	电解电容	2	C7，C10	47μF/25V
43	电解电容	2	C15，C16	1000μF/50V
44	安规电容	2	C2，C3	104/275V
45	熔丝管	1	F1	3A/250V
46	带透明盖子熔丝管座	1	F1	BLX-A
47	电路板测试针	10	G1～G10	铜镀金/陶瓷/黑

续表

序　号	材料名称	数　量	位置标识	型号或规格
48	2 位端子	1	J2	HB-9500-2P
49	3 位端子	1	J1	HB-9500-3P
50	三脚拨动开关	2	S1，S2	
51	共模电感	1	T1	UU10.5
52	变压器	1	T2	PQ3225
53	PCB	1		教学板 106

（3）电路制作与调试

（1）元器件的检测

安装前清点套件中元器件的数量是否齐全、有无缺漏，检查关键元器件规格与型号是否与材料清单相符（如光电耦合器及 IC 芯片的型号等）。然后用万用表逐一检测元器件的质量好坏，筛选出优质元器件。

（2）元器件的安装与焊接

将质量好的元器件正确安装在 PCB 上。安装时要注意不得错装、漏装，小功率的元器件应尽量压低安装，而大功率的元器件则不能压得太低，还要留有足够的散热空间。例如，大功率电阻卧式安装时不能过于贴紧电路板，引脚要留长一点，有助于通风散热，最好采用立式安装；大功率 MOS 管安装时引脚要尽量留长一些，便于安装散热片。有极性的元器件要注意其极性的正确接法，如 MOS 管、PC817、基准稳压管 TL431 及 IC 芯片等，引脚不能接反。在焊接元器件时，应把握好烙铁温度和焊接时间，否则会影响焊接质量或容易损坏元器件，尤其是 IC 芯片，还要保证焊点坚固有光泽。

（3）电路运行与调试

电路板焊接完成后，还要对电路进行调试，检查各项性能指标是否符合设计要求，电路能否可靠工作。在确认元器件安装无误及焊接牢固后，即可接入 220V 交流电源和合适的 LED 灯串负载通电运行。

电子产品中大功率管通常都要安装合适的散热器，以保证散热良好，使之长时间稳定可靠工作。运行时须关注 IC 芯片及大功率 MOS 管等元器件表面温度情况，以防温升过大而烧坏元器件。如果接通电源后 LED 灯串发光正常，说明电路板制作基本成功。这时可用电压表测量驱动电源的输出电压，空载时输出电压约为 38V。用电流表测量驱动电源的输出电流，测电流时须接上 LED 灯串负载并将电流表串联在输出端与负载之间，若发现输出电流值（设计值为 1.350A）偏小或偏大，则可调节高精度可调电阻 R32 的阻值，直到电流值接近正常值为止。

3. 电气性能参数的测量

（1）整机效率及电流、电压、功率、功率因数的测量

高性能驱动电源的能量转换效率可达到 90%以上，一般要求驱动电源的整机效率 $\eta >$ 80%才可以进网使用。

整机效率 η 测量方法：将待测驱动电源的输入端与电量测试仪连接，输出端与电子负载仪连接，接通电源，记录数据，计算测得的输出功率与输入功率的比值。

大功率恒流驱动电源综合参数测量示意图如图 4-5-7 所示。电子负载仪定电压设置为 30V（U_{set}=30.00V）时，电子负载仪的 LCD 显示屏显示出驱动电源的输出功率为 P_O=40.6W（输出电压 U_O=30.02V，输出电流 I_O=1.352A），而此时电量测试仪测量出驱动电源的输入功率为 P_I=46.1W（输入电压 U_I=220.4V，输入电流 I_I=0.214A，功率因数为 0.976），故该驱动电源的整机效率为 $\eta=P_O/P_I\times100\%=40.6W/46.1W\times100\%=88.1\%$，由此可见这是一个高效率的驱动电源。

请参照上述操作方法，完成电气性能参数测量，并将测量结果记录在表 4-5-3 中。

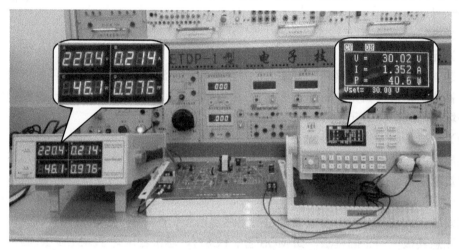

图 4-5-7　大功率恒流驱动电源综合参数测量示意图

表 4-5-3　电气性能参数测量结果

设置定电压 U_{set}　测试项目	<25V	30V	35V	>38V
输入电流 I_I（A）				
输出电流 I_O（A）				
输出电压 U_O（V）				
输入功率 P_I（W）				
输出功率 P_O（W）				
整机效率 η（%）				
功率因数				

（2）恒流精度的测量

恒流精度 r 是指输入电压在额定范围（交流 85～265V）内变化时输出电流的变化率。恒流精度一般要求在 ±5% 以内，高质量驱动电源的恒流精度可达到 ±1% 以内。

测量方法：将待测驱动电源输入端接 0～250V 交流调压器和电量测试仪，输出端接 LED 额定负载，在工作电压范围内调整输入电压并稳定工作几分钟后，用万用表测量输出电流，计算其与额定状态下（220V）输出电流的相对误差值，再根据以下公式计算恒流精度。

$$r=（实际输出电流 I_O'-额定输出电流 I_O）/额定输出电流 I_O\times100\%$$

如图 4-5-8 所示为驱动电源的恒流精度测量连接示意图，驱动电源输出端接电子负载仪，仍然设置定电压为 V_{set}=30V。

首先测量出输入电压为 AC 220V 时的额定输出电流 I_O=1.352A，如图 4-5-8（a）所示。

然后测量出输入电压为 AC 85V 时的实际输出电流 I_O'=1.342A，如图 4-5-8（b）所示。将测量数据代入公式可得

r_1=（I_O'-I_O）/I_O×100%=（1.342A-1.352A）/1.352A×100%=-0.7%

最后测量出输入电压为 AC 260V 时的实际输出电流 I_O'=1.356A，如图 4-5-8（c）所示。同样可算出

r_2=（I_O'-I_O）/I_O×100%=（1.356A-1.352A）/1.352A×100%=+0.3%

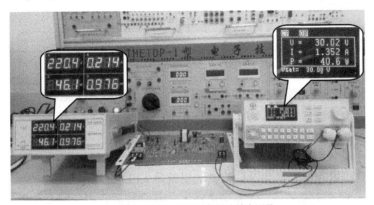

（a）输入电压为 220V 时的恒流精度测量

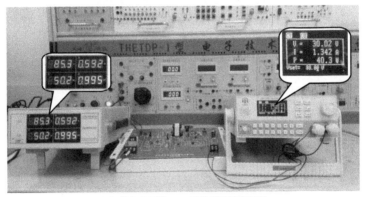

（b）输入电压为 85V 时的恒流精度测量

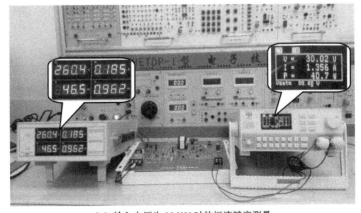

（c）输入电压为 2260V 时的恒流精度测量

图 4-5-8　驱动电源的恒流精度测量连接示意图

由此可见，该驱动电源的恒流精度在±1%以内（输出电流为1350mA±10mA）。

请按上述操作方法，测量电子负载仪定电压 U_{set}=38V（满载）时的恒流精度，并将测量结果记录在表 4-5-4 中。

表 4-5-4　恒流精度测量结果

测试项目 测试条件	实际输出电流 I_O'（A）	额定输出电流 I_O（A）	恒流精度（%） （计算值）
输入电压为额定 AC 220V			
输入电压为 AC 90V			
输入电压为 AC 260V			

（3）待机功耗的测量

待机功耗就是驱动电源空载时的功耗。将大功率恒流 LED 驱动电源的输入端子 J1 连接到电量测试仪的"被测负载/LOAD"两端，而电量测试仪的"被测输入/SOURCE"两端连接 0～250V 交流调压器的输出端，驱动电源输出为空载（不接负载），如图 4-5-9 所示为驱动电源待机功耗测量示意图。

调节交流调压器输出电压为 AC 170V，也就是 LED 驱动电源的输入电压（电量测试仪窗口 A 显示的数据为 169.9V），等驱动电源工作几分钟后，电量测试仪窗口 C 显示的输入功率即为该驱动电源的待机功耗，约为 0.63W。待机功耗越小，电源效率就越高。当驱动电源的输入电压不同时，其待机功耗也有所不同。理论上，输入电压增大，待机功耗也会增大。

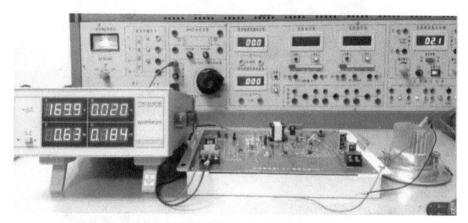

图 4-5-9　驱动电源待机功耗测量示意图

请根据上述测量方法，完成表 4-5-5 中的数据测量，并记录测量结果。

表 4-5-5　待机功耗测量结果

输入电压（AC） 测试项目	90V	110V	220V	260V
待机功耗（W）				

通过分析测量结果，回答下列问题。

最小待机功耗是否符合能源之星 3 级标准要求（≤0.3W）？＿＿＿＿＿＿。

降低待机功耗的方法有哪些？_____。

（4）电路元器件参数调整测试

将大功率恒流驱动电源接上额定负载，通过调整（或改变）相关元器件参数，观察输出电流、电压及功率的变化情况，并将测量结果记录在表 4-5-6 中。

表 4-5-6 元器件参数调整测试

测试项目 改变元器件参数	U_O（V）	I_O（A）	P_O（W）
R17 调整为 0.1Ω（即增大电流检测电阻值）			
调节可调电阻 R32 至最大值（顺时针调节）			
调节可调电阻 R32 至最小值（逆时针调节）			

通过分析测量数据，回答下列问题。

输出电压是否恒定？_____。

输出电流变化的原因：_____。

4．LED 恒流驱动电源典型故障分析与检修

虽然 LED 灯具使用寿命长，可工作 5 万～10 万小时，十几年都不会损坏，被誉为"长寿灯"，但是 LED 驱动电源的使用寿命就远没有那么长了，其长期在高电压、大电流的环境下工作，而且散热条件有限，因此故障率很高。当发现 LED 灯具不亮时，有人会把整个灯具都更换掉，其实这样做损失太大，尤其是一些价格比较昂贵的品牌灯具，因为 LED 灯具不亮大多是由驱动电源损坏引起的，而其他部分可能完好无损。下面将简单介绍 LED 驱动电源典型故障的检修方法。

LED 灯具损坏时首先要观察故障现象。例如，要弄清 LED 灯珠只有部分亮还是全不亮，或者出现闪烁（频闪）等故障情况，然后根据故障现象确定故障范围，判断故障是发生在驱动电源（驱动器）还是 LED 灯串负载上，并认真分析故障原因，最后寻找故障根源及解决故障的方法。假设有一 LED 灯具，使用几年后出现 LED 灯珠全不亮的故障。现可采用如下方法对故障灯具进行检修。

● 观察故障现象：LED 灯具不亮。

● 判断故障范围：LED 驱动电源或者 LED 灯串负载。

● 分析故障原因：LED 驱动电源（输入整流滤波电路、开关能量转换与恒流控制及保护电路、输出整流滤波电路等）工作异常或电路损坏，LED 灯串负载损坏（LED 灯珠开路或短路）。

● 故障分析与检修：闭合电源开关，LED 驱动电源接入交流 220V 市电，发现 LED 灯具不亮。此类故障一般是由 LED 驱动电源自身工作异常或者电路损坏引起的。当然也可能是 LED 灯串负载损坏（烧掉），或者 LED 驱动电源与 LED 灯串负载均损坏，但是两者同时损坏的可能性比较小，应着重考虑 LED 驱动电源。检测 LED 驱动电源的直流输出端有无电压即可判断故障范围。

若有直流电压输出，则可能是 LED 灯串负载损坏引发故障，可通过检测 LED 灯珠的好坏来确定故障的具体部位，也可用同一类型的正常 LED 灯串替换原灯串来确定故障部位。

若无输出电压或电压很低，则可能是 LED 驱动电源自身损坏引起的故障。LED 驱动电源发生故障，可通过检测驱动电源相关的关键点电压是否正常，来判断故障究竟发生在驱动电源的哪部分电路上。

首先测量输入滤波电容（关键点）两端的电压，滤波电容两端正常工作电压通常在 300V 左右，若此电压正常，则说明输入整流滤波电路工作正常，故障可能发生在开关能量转换与恒流控制及保护电路、输出整流滤波电路中；若该电压异常（为 0V 或很低），则表明故障发生在输入整流滤波电路（包括抗电磁干扰电路）中，这时可检查与该电路有关的元器件，如熔丝管或保险电阻、整流二极管或整流桥堆等有无损坏。如果发现整流二极管或桥堆被击穿短路，熔丝管严重爆烧使管内发黄或发黑等情况，还要考虑功率开关 MOS 管是否也被击穿短路了。遇到这种情况切勿贸然行事，在未找到原因之前切不可随意更换元器件，否则将会再次击穿。

若滤波电容两端电压正常（约 300V），那么故障就可能发生在开关能量转换与恒流控制及保护电路、输出整流滤波电路中。本着先易后难的原则，应先检测输出整流滤波电路，可重点检查快恢复整流二极管、滤波电容及限流电阻等元器件是否有开路或短路现象。如未发现问题，则故障可能发生在开关能量转换与恒流控制及保护电路这个核心电路中，此时要着重检查驱动芯片的启动电路、VCC 供电电路、外围元器件及芯片本身是否正常，芯片可用替换法来检测，即用一块同型号且好的芯片替换怀疑损坏的芯片。经检测发现有元器件损坏或变值，应更换同规格、同型号的元器件。

根据上述故障分析与检修方法，判断图 4-5-3 所示大功率恒流驱动电源总电路中的元器件损坏时将会发生什么故障现象，将分析结果记录在表 4-5-7 中。

表 4-5-7　故障分析表

故障元器件	故障现象
熔丝盒 F1 开路（烧断）	
R6 或 R7 开路（阻值为 ∞）	
Q3 被击穿短路（D-S 极间）	
C16 严重漏电或短路	
驱动芯片 U1 损坏	

思考： ① LED 灯具出现个别 LED 灯珠不亮的故障时应怎样检修？

② 已知故障现象为 LED 灯不断频闪，请分析故障原因及故障范围。

考核

任务考核内容		标准分值	自我评分分值×50%	教师评分分值×50%
		任务计划阶段		
	实训任务要求	10		
		任务执行阶段		
专业知识与技能	熟悉电路连接	5		
	实训效果展示	5		
	理解电路原理	5		
	实训设备使用	5		
		任务完成阶段		
	元器件检测	5		
	元器件装配与焊接	10		
	运行与调试	10		
	电气性能参数测量（含关键点电压测量）及故障分析与检修	25		
职业素养	规范操作（安全、文明）	5		
	学习态度	5		
	合作精神及组织协调能力	5		
	交流总结	5		
合计		100		

学生心得体会与收获：

教师总体评价与建议：

教师签名：　　　　　　日期：

项目五

LED 在交通信号灯方面的应用

交通信号灯（简称交通灯）是指示类灯具，是交通信号的重要组成部分，也是道路交通的基本语言。它有助于维护正常的交通秩序，避免出现交通混乱等现象。

任务一　LED 交通信号灯的控制

目前交通信号灯使用的光源为 LED 光源，通过上位机来控制 LED 信号灯组的亮灭及时间的显示，达到交通指示的效果。

任务目标　+

知识目标

1. 了解交通信号灯控制系统界面；
2. 掌握上位机控制交通信号灯的流程及系统测试。

技能目标

1. 掌握上位机控制交通信号灯运行的方法；
2. 掌握设置交通信号灯的亮灭及时间的方法；
3. 掌握交通信号灯控制系统测试方法。

任务内容　+

1. 安装实训系统软件，认识交通信号灯控制系统界面；
2. 完成交通信号灯亮灭的控制及时间设置。

知识

1. 安装光电技术实训系统软件

将光电技术实训装置配套软件"OTTS-2.0 光电技术实训系统软件"复制到 PC 上，计算机硬件配置要求双核 CPU，内存 4GB，硬盘 320GB，软件系统要求为 Windows 7 系统。

双击 图标，运行"ottsSetup2.0.3.22.exe"，安装"光电技术实训系统"。

开始安装，如图 5-1-1 所示，单击"下一步"。

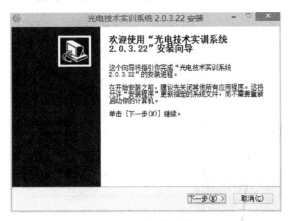

图 5-1-1　安装图例 1

如图 5-1-2 所示，阅读协议，单击"我接受"，进入下一步。

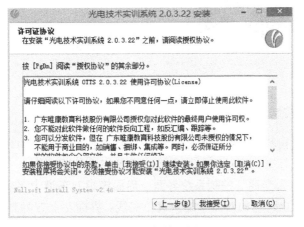

图 5-1-2　安装图例 2

如图 5-1-3 所示，选择安装位置，建议设置为"D:\Program Files\otts"，单击"安装"。

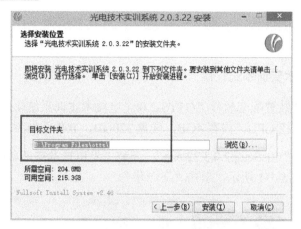

图 5-1-3　安装图例 3

如图 5-1-4 所示，勾选"运行光电技术实训系统"，单击"完成"，运行系统。

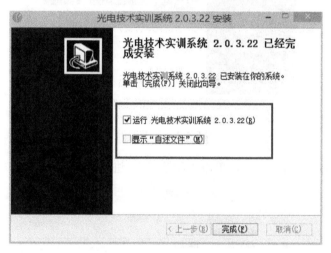

图 5-1-4　安装图例 4

2. 认识交通灯控制系统界面

上位机指可以发出特定操控命令的计算机，它将预先设定好的命令传递给下位机，而下位机则是命令的执行者，通过下位机来控制设备完成各项操作。

如图 5-1-5 所示为交通灯控制系统界面，界面模拟双车道十字交通路口，标有车辆可跨越的白色虚线、禁止跨越的对流车道双黄色实线；界面左上方为方位指示，标有东、南、西、北各方位，明确车道指向；左下方为红绿灯运行时间的参数设置，可设定东西方向绿灯时间、红灯时间和开始倒计时时间，通过参数设定来控制整个十字路口交通信号灯的运行情况；界面右下方的"START"和"STOP"按钮用于控制系统的运行及停止，单击"发送到目标板"按钮可将系统命令下载到实训板上。

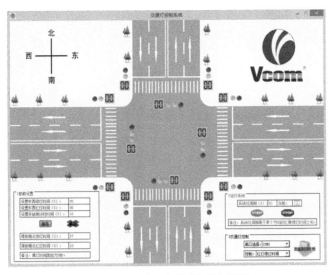

图 5-1-5　交通灯控制系统界面

实训

1. 打开软件

双击电脑桌面上的"光电技术实训系统"软件图标 ，输入用户名及密码（用户名默认为"admin"，密码为"123456"），单击"确认"进入光电技术实训系统界面，如图 5-1-6 所示。单击  图标进入交通灯控制系统界面，如图 5-1-7 所示。

图 5-1-6　光电技术实训系统界面

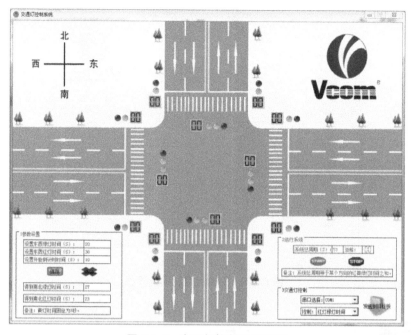

图 5-1-7　交通灯控制系统界面

2. 参数设置

如图 5-1-8 所示，在"参数设置"区域中，设置或者修改东西方向绿灯时间、红灯时间和开始倒计时时间。单击"保存"按钮，可保存设置的参数；单击"清空"按钮，可把所有的参数清空。注意：这里黄灯时间固定为3s，因此设定好东西方向红绿灯时间后，南北方向红绿灯时间可以根据黄灯时间自动获取数据，开始倒计时时间必须小于或等于路口红绿灯时间的最小值。设定后的参数如图 5-1-9 所示。

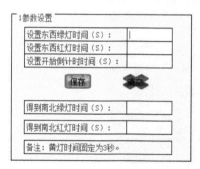

图 5-1-8　"参数设置"区域

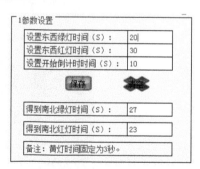

图 5-1-9　设定后的参数

3. 运行系统

参数设置好之后，单击"START"按钮，可以预览交通灯控制状态；单击"STOP"按钮，可以停止系统的运行，如图 5-1-10 所示。也可以跳过参数设置，直接以默认参数运行系统。

图 5-1-10　"运行系统"区域

4．系统测试

根据表 5-1-1 中设定的东西方向的参数，观察交通灯运行情况，填写南北方向数据。

表 5-1-1　交通灯控制系统测试

东　西　方　向			南　北　方　向	
绿灯时间	红灯时间	倒计时	绿灯时间	红灯时间
20s	30s	10s		
50s	70s	20s		
60s	100s	60s		

 考核

	任务考核内容	标准分值	自我评分分值×50%	教师评分分值×50%
	任务计划阶段			
	实训任务要求	10		
	任务执行阶段			
专业知识与技能	熟悉交通灯的运行规则	5		
	熟悉交通灯控制系统界面	5		
	掌握交通灯控制系统的使用方法	5		
	实训设备使用	5		
	任务完成阶段			
	安装交通灯控制系统软件	5		
	认识交通灯控制系统界面	10		
	运行与调试交通灯控制系统	10		
	数据记录与分析	25		
职业素养	规范操作（安全、文明）	5		
	学习态度	5		
	合作精神及组织协调能力	5		
	交流总结	5		
	合计	100		

学生心得体会与收获：

教师总体评价与建议：

教师签名：　　　　　　日期

任务二 LED 交通信号灯控制电路的制作与应用

在十字路口，四面都悬挂着红、黄、绿三色交通信号灯，它们是不出声的"交通警察"。红灯是停止信号，绿灯是通行信号。红灯亮时，禁止直行或左转弯，在不妨碍行人和车辆的情况下，允许车辆右转弯；绿灯亮时，准许车辆直行或转弯；黄灯亮时，行人和车辆应停在路口停止线或人行横道线以内，已越过停止线的车辆可继续通行；黄灯闪烁时，警告车辆注意安全。

任务目标

知识目标

1. 掌握单片机控制交通灯电路的结构和原理；
2. 掌握手动控制交通灯的方法。

技能目标

1. 掌握交通灯程序的修改方法；
2. 掌握交通灯模块与计算机通信的方法；
3. 掌握交通灯控制电路的制作方法。

任务内容

1. 修改交通灯程序；
2. 通过硬件设置控制交通灯运行状态。

知识

1. 交通灯控制系统介绍

交通灯控制系统能实现对交通灯的区域联控和单点自控（线控、单点无电缆线控、感应、多时段、闪灯、手控）等多种控制功能。

系统可以根据实际交通情况，由控制中心发出命令，进行特殊交通控制，控制可划分权限和优先等级。

① 绿波控制：在警卫、消防、救护、抢救等特殊情况下，信号灯按预定的路线在每个交通路口进行绿波推进，以确保车辆到达路口时均为绿灯通行，保证畅通无阻，绿波线路由监控中心指挥员预先设置。

② 闪光控制：黄灯按一定的频率闪烁，向车辆和行人发出警告或提示（主要用于夜间或车辆稀少的情况）。

2. 交通灯模块实训板简介

如图 5-2-1 所示为交通灯模块实训板，其模拟十字路口的交通运行情况。模块中有行

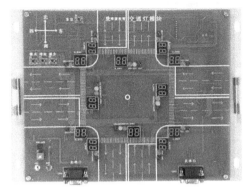

图 5-2-1　交通灯模块实训板

车红黄绿灯指示及倒计时数码管显示和人行道红绿灯指示及倒计时数码管显示，用于指示车辆和行人通行及显示红灯倒计时，以便车辆和行人能够按正常交通秩序通行。

实训板中设有控制按键 S3～S5，用于调整交通灯的运行模式。第一次按下 S3 按键，北边的数码管亮，通过 S4（加）和 S5（减）按键改变南北方向绿灯通行时间；第二次按下 S3 按键，西边的数码管亮，通过 S4 和 S5 按键改变东西方向绿灯通行时间；第三次按下 S3 按键，东边的数码管亮，通过 S4/S5 按键改变数码管倒计时显示的时间；第四次按下 S3 按键，设置完毕，交

通灯按调整后的模式运行。例如，设置东西方向通行时间为绿灯 30s、红灯 35s，倒计时时间为 10s，而黄灯的默认时间为 3s，则南北方向禁行时间自动生成为红灯亮 33s（因东西方向绿灯 30s 和黄灯 3s），倒计时数码管将从最后 10s 开始倒计时显示，绿灯亮 32s（因东西方向红灯 35s 和南北方向黄灯 3s）。

3. 交通灯电路原理

本实训所用 LED 交通灯控制电路采用 5V 直流电源供电，通过两个单片机（主单片机和从单片机）实现通信，根据十字路口的交通规则，使用单片机的定时器进行定时，对数码管和红灯、绿灯、黄灯进行控制，实现模拟交通灯。单片机与上位机之间通过 RS-232 串口通信，实现数据传输，对系统进行监控。

电路采用模块化设计，利用单片机、按键、显示模块和通信单元组成模拟交通灯控制电路。电路原理框图如图 5-2-2 所示。

5V 电源主要为电路模块提供电源。时钟电路为单片机提供时钟脉冲，控制单片机工作节奏。复位电路可使模拟交通灯从起始状态开始运行，它是一种让整个电路恢复到起始状态的电路。按键电路主要用来设置红绿灯的运行时间。主单片机对

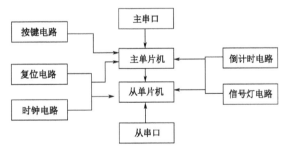

图 5-2-2　交通灯电路原理框图

整个电路起到非常关键的作用，通过主串口下载主程序到主单片机控制交通灯机动车道的运行，同时通过从串口下载程序到从单片机。主、从串口设定通信协议，当主串口改变机动车道的运行时间后自动调节人行道的运行时间。主串口还是上位机控制模拟交通灯的通信工具。图 5-2-3 为交通灯模块电路原理图。

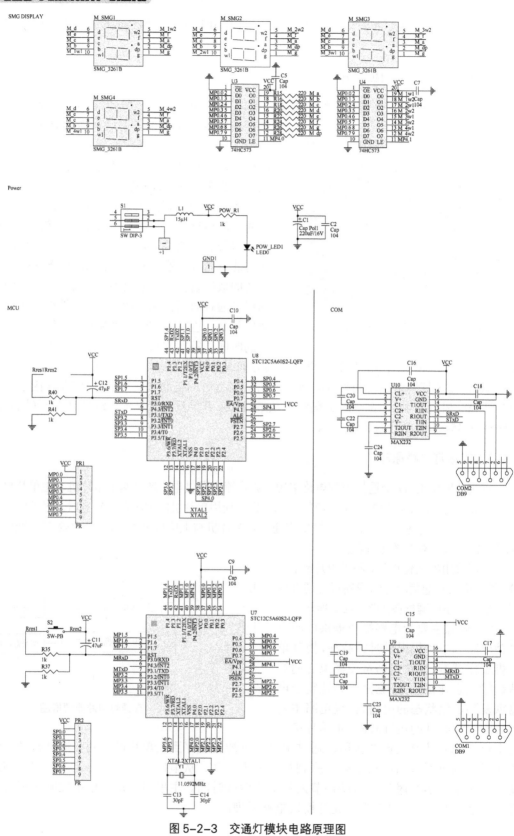

图 5-2-3　交通灯模块电路原理图

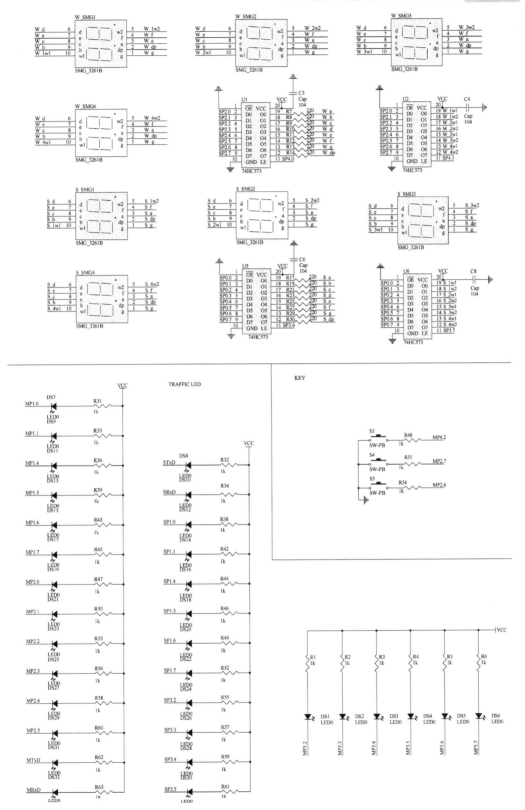

图 5-2-3　交通灯模块电路原理图（续）

实训

1. 交通灯模块的操作

（1）下载交通灯运行程序

程序设置必须借助开发软件、仿真开发装置、烧写设备等完成。

① 将交通灯主单片机的程序在 Keil 软件中编译生成.hex 文件，用串口线将电脑与制作好的交通灯模块的主串口相连，利用 STC-ISP 下载程序到主单片机中。如图 5-2-4 所示为主单片机程序下载设备连接图，如图 5-2-5 所示为单片机程序下载界面。

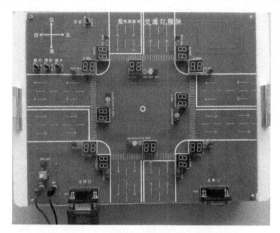

图 5-2-4　主单片机程序下载设备连接图

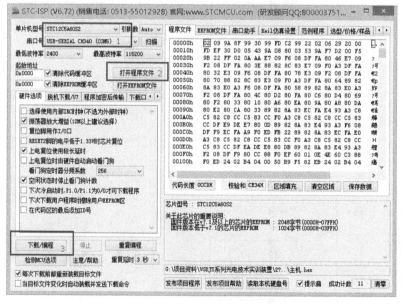

图 5-2-5　单片机程序下载界面

② 将交通灯从单片机的程序在 Keil 软件中编译生成.hex 文件，用串口线将电脑与交通灯模块的从串口相连，下载程序到从单片机中。如图 5-2-6 所示为从单片机程序下载设

备连接图。

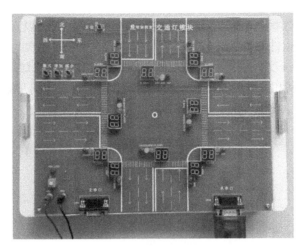

图 5-2-6   从单片机程序下载设备连接图

（2）交通灯运行效果展示

将 LED 交通灯模块接入 5V 电源，按下电源开关 S1，此时电源指示灯 LED1 点亮，通过按键设置交通灯参数，观察交通灯运行情况。如图 5-2-7 所示为正常运行的效果图。按下复位按键 S2，观察 LED 交通灯能否正常复位。

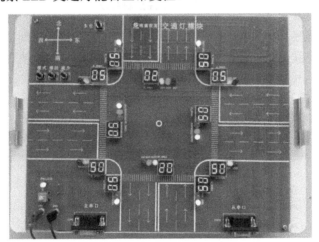

图 5-2-7   交通灯运行效果图

也可通过上位机控制交通灯运行，用串口线一端接实训板主串口，另一端接电脑。设置交通灯控制系统红绿灯相关参数，并保存。选择串口（程序自动打开所选的串口），然后选择控制的内容，单击"发送到目标板"按钮，将控制的内容参数发送到交通灯模块中，如图 5-2-8 所示。这样就可以在 LED 交通灯模块上看到所设置参数的运行效果。控制内容包括：红绿灯时间、倒计时时间、强制东西通行、强制南北通行及解除强制通行。

图 5-2-8   交通灯控制的内容参数

2. 程序设置与修改

LED 交通灯的运行状态，除了通过控制按键和上位机来控制以外，还可以通过修改程序来控制。利用 Keil 软件将修改好的程序编译生成.hex 文件（主单片机和从单片机均有程序），利用串口线将.hex 文件烧录到主单片机中，即可实现对交通灯的控制。如图 5-2-9 所示为交通灯红绿灯时间和倒计时时间程序控制部分。用 Keil 软件打开交通灯主单片机程序，选择 Functions 窗格，再选择 main( )程序并跳转到 void main( )部分。

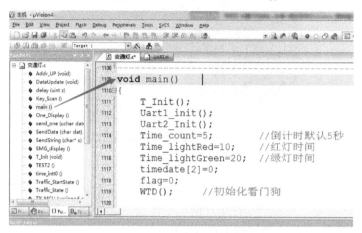

图 5-2-9 程序控制部分

根据以上所选程序，如要修改红绿灯显示时间，只要在相应控制位置修改程序即可。修改程序时应遵从实际交通灯运行规则，开始倒计时时间必须小于或等于红（绿）灯显示时间的最小值。

若将程序中的如下部分

```
Time_count=5;
Time_lightRed=10;
Time_lightGreen=20;
```

修改成

```
Time_count=10;
Time_lightRed=15;
Time_lightGreen=25;
```

重新编译生成.hex 文件后烧录到单片机中，则数码管将由从 5s 开始倒计时变成从 10s 开始倒计时，红灯显示时间将由 10s 变成 15s，绿灯显示时间将由 20s 变成 25s。

完成以上程序修改操作后，运行并观察交通灯模块工作状态，将相关参数填入表 5-2-1 中。

表 5-2-1 交通灯模块工作状态

控 制 状 态	机动车道信号灯状态	数码管显示状态	人行道信号灯状态（红/绿）
状态 1 （南北禁行）	东西绿灯亮__s 东西黄灯亮__s 南北__灯亮__s	东西绿灯倒计时___s 南北红灯倒计时___s 黄灯不进行倒计时	东西__灯亮倒计时___s 南北__灯亮倒计时___s
状态 2 （东西禁行）	南北绿灯亮__s 南北黄灯亮__s 东西__灯亮__s	东西绿灯倒计时___s 南北红灯倒计时___s 黄灯不进行倒计时	东西__灯亮倒计时___s 南北__灯亮倒计时___s

同样，若要修改其他功能，找到指定程序模块修改指令，重新生成.hex 文件并烧录到单片机中即可。

3．交通灯控制电路的制作

（1）实训准备

硬件要求：交通灯控制电路实训板及套件、PC、串口通信线、万用表、导线等。

软件要求：Keil 编译软件、STC-ISP 烧录软件。

交通灯控制电路元器件清单见表 5-2-2。

表 5-2-2　交通灯控制电路元器件清单

序　号	名　　称	数　量	位 置 标 识	规格或型号
1	贴片电阻	16	R1～R16	0805，330R
2	贴片电阻	1	R17	0805，1kΩ
3	PCB 端子	4	J6～J9	2.54mm×3
4	PCB 端子	1	J10	2.54mm×4
5	PCB 端子	1	J3	5mm×2
6	拨码开关	4	SW1～SW4	3 位
7	集成电路	2	U2，U3	DIP20，74LS574
8	PCB 端子	4	J1，J2，J4，J5	8P×2.5
9	贴片电容	2	C1，C2	0805，22pF
10	贴片电容	4	C3～C6	0805，104
11	指示灯（红）	4	颜色按图	10mm
12	指示灯（绿）	4	颜色按图	10mm
13	指示灯（黄）	4	颜色按图	10mm
14	指示灯（红）	4	颜色按图	5mm
15	指示灯（绿）	4	颜色按图	5mm
16	晶振	1	Y1	DIP，6MHz
17	单片机	1	U1	DIP40 STC12C5A16S2
18	IC 座	2	U2，U3	DIP20
19	IC 座	1	U1	DIP40
20	PCB	1	教学板 109	130mm×90mm

（2）组装与调试

① 检测元器件

首先清点套件中元器件的数量是否齐全、有无缺漏，检查元器件的规格及型号是否与清单相符（如电容器的容量及耐压，整流管、IC 芯片的型号等）。然后用万用表逐一检测元器件的质量，检查参数是否符合规定。

② 安装与焊接

按照图 5-2-10 及图 5-2-11 进行元器件的正确安装与焊接，按先小后大、先低后高的原则进行组装。对于有极性的元器件（如发光二极管等），要注意其极性的正确接法，不能接反。单片机的安装也要注意引脚方向，单片机 U1 芯片的缺口要与电路板上的缺角一致。制作完成的交通灯控制电路效果图如图 5-2-12 所示。

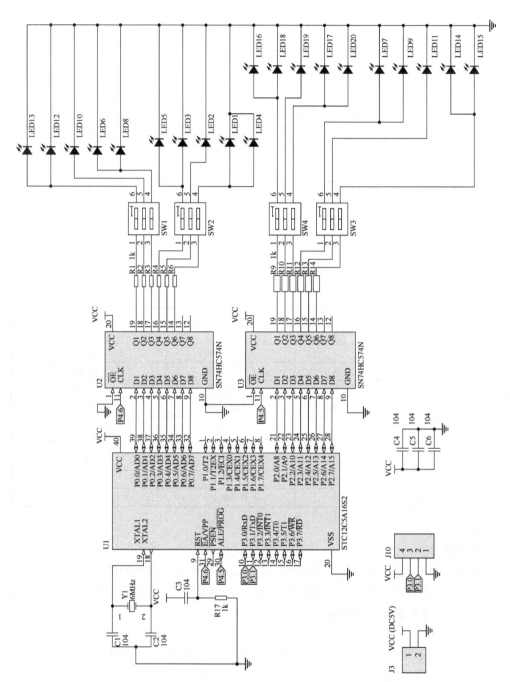

图 5-2-10　交通灯控制电路原理图

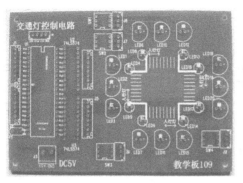
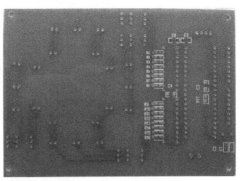

图 5-2-11　交通灯控制电路板

图 5-2-12　交通灯控制电路效果图

③ 硬件静态运行测试

在通电前，一定要检查电源电压的幅值和极性，以免损坏 IC 芯片。加电后检查各 IC 芯片引脚的电位，一般先检查 VCC 的电压值，然后检测其他引脚的电压值。在测量贴片元器件尤其是贴片 IC 芯片引脚时，要注意各引脚间不能短路，以防损坏集成电路。上电检查每个 IC 芯片的电源电压、单片机 40 脚的电压及 74LS574 的 20 脚的电压，若在 5V 左右则属正常。

④ 联机调试

将交通灯控制程序在 Keil 软件中编译生成.hex 文件，用下载线将电脑与制作好的交通灯控制电路板烧录口 J10 相连，利用 STC-ISP 下载程序到单片机中。如图 5-2-13 所示为烧录器与单片机连接图。

图 5-2-13　烧录器与单片机连接图

139

交通灯控制程序如下。

```c
#include "STC5A16.h"
#define TM_RED                  //红灯时间
#define TM_YLW 2                //黄灯时间
#define TM_GRN 5                //绿灯时间

#define TA_Mot_OFF() P0 &= 0XC7;//车路口A全关
#define TA_Mot_RED() TA_Mot_OFF(); P0 |= 0X08;//车路口A红灯亮
#define TA_Mot_YLW() TA_Mot_OFF(); P0 |= 0X10;//车路口A黄灯亮
#define TA_Mot_GRN() TA_Mot_OFF(); P0 |= 0X20;//车路口A绿灯亮

#define TB_Mot_OFF() P0 &= 0XF8;//车路口B全关
#define TB_Mot_RED() TB_Mot_OFF(); P0 |= 0X04;//车路口B红灯亮
#define TB_Mot_YLW() TB_Mot_OFF(); P0 |= 0X02;//车路口B黄灯亮
#define TB_Mot_GRN() TB_Mot_OFF(); P0 |= 0X01;//车路口B绿灯亮

#define TC_Mot_OFF() P2 &= 0X1f//车路口C全关
#define TC_Mot_RED() TC_Mot_OFF(); P2 |= 0X80;//车路口C红灯亮
#define TC_Mot_YLW() TC_Mot_OFF(); P2 |= 0X40;//车路口C黄灯亮
#define TC_Mot_GRN() TC_Mot_OFF(); P2 |= 0X20;//车路口C绿灯亮

#define TD_Mot_OFF() P2 &= 0Xe3//车路口D全关
#define TD_Mot_RED() TD_Mot_OFF(); P2 |= 0X04;//车路口D红灯亮
#define TD_Mot_YLW() TD_Mot_OFF(); P2 |= 0X08;//车路口D黄灯亮
#define TD_Mot_GRN() TD_Mot_OFF(); P2 |= 0X10;//车路口D绿灯亮

#define Latch() P4 |= 0x60; P4 &= ~0x60;

#define uint8_t unsigned char
#define uint16_t unsigned int

void delay_ms(uint16_t tt)
{
 uint16_t i, j;
 for(i = 0; i< tt; i++)
 {
    for(j = 0; j < 370; j++)
    {

    }
 }
}

void main(void)
{
 P4SW |= 0XE0;
 P0M1 = 0x00;    //00000000B;      //P0.0～P0.3为继电器和蜂鸣器输出控制
 P0M0 = 0xFF;    //00001111B;      //分别是蜂鸣器、抽真空、放气、充气
 P0   = 0x00;    //00000000B;      //其他不用

 P2M1 = 0x00;    //00000000B;      //P1.0～P1.6为按键
```

```
        P2M0 = 0xFF;    //00000000B;    //P1.7为ADC输入
        P2   = 0x00;    //00000000B;    //P1.6不用


        P4M1 &= ~0X060;
        P4M0 |= 0X60;


        TA_Mot_OFF();
        TB_Mot_OFF();
        TC_Mot_OFF();
        TD_Mot_OFF();


        Latch();


        while(1)
        {
            TA_Mot_GRN();
            TB_Mot_RED();
            TC_Mot_RED();
            TD_Mot_RED();
            Latch();
            delay_ms(TM_GRN * 1000);


            TA_Mot_YLW();
            Latch();
            delay_ms(TM_YLW * 1000);


            TA_Mot_RED();
            TB_Mot_GRN();
            TC_Mot_RED();
            TD_Mot_RED();
            Latch();
            delay_ms(TM_GRN * 1000);


            TB_Mot_YLW();
            Latch();
            delay_ms(TM_YLW * 1000);


            TA_Mot_RED();
            TB_Mot_RED();
            TC_Mot_GRN();
            TD_Mot_RED();
            Latch();
            delay_ms(TM_GRN * 1000);


            TC_Mot_YLW();
            Latch();
            delay_ms(TM_YLW * 1000);


            TA_Mot_RED();
            TB_Mot_RED();
            TC_Mot_RED();
```

```
        TD_Mot_GRN();
        Latch();
        delay_ms(TM_GRN * 1000);

        TD_Mot_YLW();
        Latch();
        delay_ms(TM_YLW * 1000);
    }
}
```

 考核

	任务考核内容	标准分值	自我评分分值×50%	教师评分分值×50%
	任务计划阶段			
专业知识与技能	实训任务要求	10		
	任务执行阶段			
	熟悉交通灯控制系统	5		
	熟悉交通灯模块	5		
	理解交通灯控制程序	5		
	实训设备使用	5		
	任务完成阶段			
	交通灯模块的连接	5		
	交通灯模块的运行与调试	10		
	交通灯程序的修改	20		
	交通灯程序的烧录	15		
职业素养	规范操作（安全、文明）	5		
	学习态度	5		
	合作精神及组织协调能力	5		
	交流总结	5		
	合计	100		

学生心得体会及总结：

教师总体评价与建议：

教师签名：　　　日期：

项目六

LED 在智能路灯方面的应用

在 LED 智能路灯控制系统中，路灯的开启与关闭不仅仅依靠人工或定时来控制，很多时候会根据道路光照强度的情况，通过自动控制系统来确定需要开启或关闭路灯的时间、数量，从而实现智能化与节能效果。LED 智能路灯主要应用于城市主次干道、工业园区道路、城乡道路等场合。

任务一 LED 智能路灯控制的基本操作

节能省电是城市路灯智能化的重要推动因素之一，节能并不是简单地减少照明设备的数量，而是根据实际情况合理分配照明时间，避免不必要的用电浪费。在这一背景下，如何通过硬件控制路灯的亮灭就显得很重要。

任务目标

知识目标

1. 熟悉 LED 智能路灯各模块的功能；
2. 了解 LED 智能路灯控制的工作原理。

技能目标

1. 掌握硬件控制智能路灯模式的切换方法；
2. 掌握硬件控制智能路灯开启和关闭的方法。

任务内容 ⊕

1. 设置 LED 智能路灯的开启和关闭时间；
2. 设置 LED 智能路灯半开模式。

知识

LED 智能路灯电路原理框图如图 6-1-1 所示，该电路由单片机系统、供电电源、按键电路、数码显示、串口通信电路及光电传感器等组成。

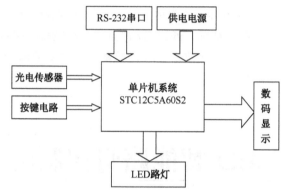

图 6-1-1　LED 智能路灯电路原理框图

1．单片机系统

单片机主控电路原理图如图 6-1-2 所示。单片机系统的核心电路采用 STC12C5A60S2 单片机，该单片机为单时钟/机器周期（1T）、高速、低功耗、超强抗干扰的新一代单片机，指令代码完全兼容传统 8051，但速度快 8～12 倍。其内部集成了 MAX810 专用复位电路、2 路 PWM、8 路高速 10 位 A/D 转换。

如图 6-1-3 所示为 MCU 电路原理图。在 STC12C5A60S2 单片机硬件资源的分配上，P0 接 6 位一体的 8 段数码管，由 74HC573 进行数据的锁存；P1、P2 接 LED 路灯；P3.0 和 P3.1 用于串口通信；P3.2 接状态指示灯 DS17；P3.3～P3.6 接 4 个按键 S3～S6；P3.7 接光电传感器数据输入；P4.1、P4.2 接地址锁存器 74HC573 片选端。

2．供电电源

如图 6-1-4 所示为供电及电源指示电路图。外接 5V 直流电源通过自锁开关 S1 接入供电电路，其中 L1、POW_R1、C3、C4 组成退耦电路，滤除电源中的交流分量。

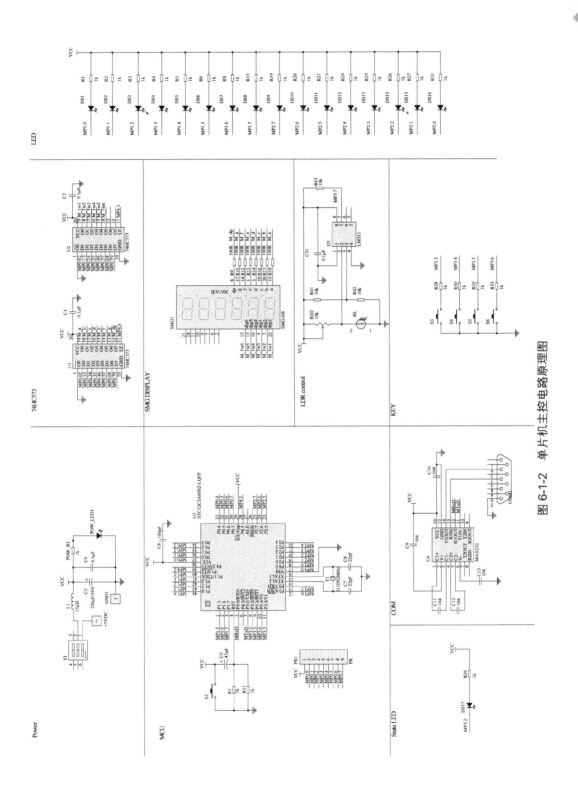

图 6-1-2 单片机主控电路原理图

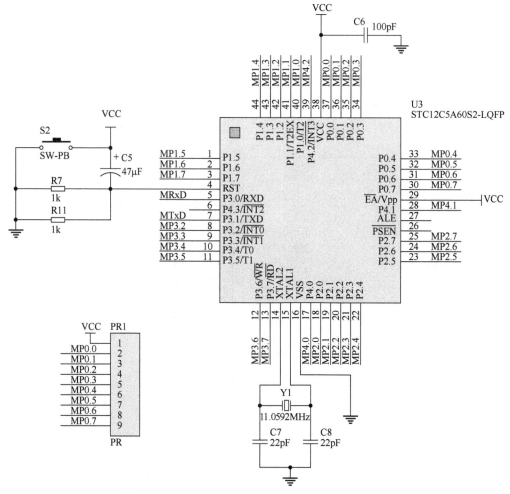

图 6-1-3　MCU 电路原理图

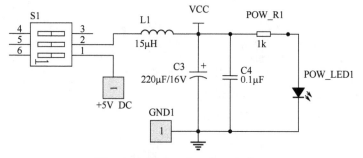

图 6-1-4　供电及电源指示电路图

3．数码显示

SMG1 为 6 位数码管，用于显示系统时间及控制时间（格式为 hhmmss）。数码管引脚图如图 6-1-5 所示。

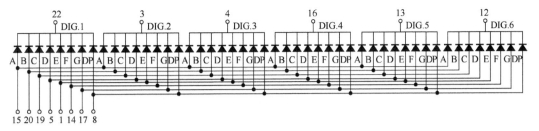

图 6-1-5　6 位数码管引脚图

图 6-1-5 中引脚 22、3、4、16、13、12 为数码管的位选端，22 脚对应最高位，12 脚对应最低位。引脚 15、20、19、5、1、14、17、8 分别对应 LED 数码管的 A、B、C、D、E、F、G、DP（代表小数点）8 个显示笔画，通过单片机的输出口控制数码管的位选和段选。本系统中的数码显示电路图如图 6-1-6 所示。

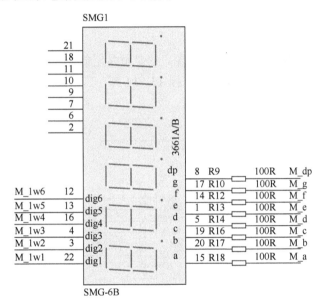

图 6-1-6　数码显示电路图

4．光电传感器

智能路灯系统可以根据实际光照情况来调整路灯，合理分配照明时间，一般采用光敏电阻作为传感器件。该类器件的特性是，随着光照强度的增大，电阻值会变小。

在本系统中采用 LM311 作为电压比较器。其中 2、3 脚对输入电压进行比较，3 脚输入基准电压 2.5V，2 脚输入要比较的电压。当 2 脚输入电压高于 2.5V（3 脚输入电压）时，7 脚输出低电平；反之，7 脚输出高电平。

如图 6-1-7 所示为光电传感器电路原理图。调节电位器 RD2，可改变光敏电阻 RL 的电压值，从而调节光照的灵敏度。

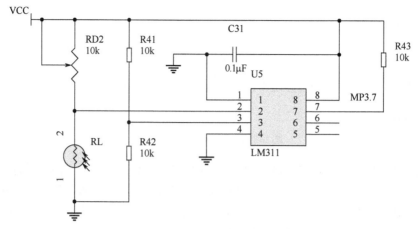

图 6-1-7　光电传感器电路原理图

5. 串口通信电路

如图 6-1-8 所示为串口通信电路原理图，这是最常用的通信方式。9 针串口公头 2、3 脚接芯片 MAX232 第一数据通道中的输入段 13、14 脚，芯片 MAX232 的 11、12 脚接单片机 STC12C5A60S2 的 P3.0、P3.1。

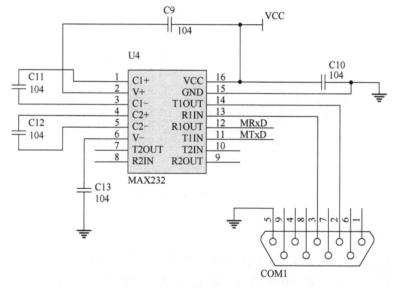

图 6-1-8　串口通信电路原理图

 实训

1. 智能路灯模块效果演示

如图 6-1-9 所示为智能路灯模块。接入 5V 电源运行，模块上的 6 位数码管显示智能路灯控制系统的运行时间，即开启时系统默认时间是 17 时 59 分 50 秒，默认开灯时间是 18 时 00 分 00 秒，也就是说开启运行 10s 后道路两旁的路灯全部点亮。默认道路两旁的隔盏灯点亮的时间是 18 时 00 分 10 秒，即路灯点亮 10s 后进入隔盏灯点亮状态。默认关灯时间是 18 时 00 分 20 秒，即隔盏灯点亮 10s 后道路两旁的路灯自动熄灭。上述系统默认时间可以通过程序进行修改。通过 4 个轻触开关可以控制智能路灯的运行模式。如图 6-1-10 所示为智能路灯运行效果图。

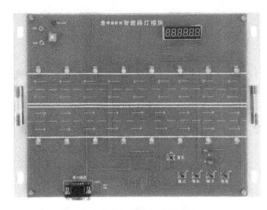

图 6-1-9　智能路灯模块

图 6-1-10　智能路灯运行效果图

2．通过按键控制智能路灯的运行

通过按键可以设置系统开启时间、开灯时间、隔盏灯点亮时间和关灯时间。S3 是模式切换按键，S4 是"加"功能按键，S5 是"减"功能按键，S6 是位选功能切换按键。按下 S3 按键分别进入当前时间设置模式（路灯闪烁）、开灯时间设置模式（路灯亮）、隔盏灯点亮时间设置模式（隔盏灯亮）、关灯时间设置模式（路灯全灭）。然后通过加、减和位选功能切换按键设置相应的时间，其中通过位选功能切换按键设置时、分或者秒时，选到相应的位置，该位置会闪烁显示，设置之后会自动保存参数。

① LED 智能路灯系统开启时间设置：按下 S3 按键，道路两旁的 LED 路灯闪烁，进入当前时间设置模式，这时数码管显示器最后两位闪烁显示，通过按键 S4 或 S5 对时间秒进行加或减设置。要设置分钟和小时，可按下 S6 按键进行切换，设置方法与时间秒相同。

② 开灯时间设置：再次按下 S3 按键，进入开灯时间（路灯全亮）设置模式，同样通过 S4 或 S5 按键对秒、分钟及小时进行设置。

③ 隔盏灯点亮时间设置：按下 S3 按键，进入隔盏灯点亮时间（隔盏灯亮）设置模式。设置方法同上。

④ 关灯时间设置：按下 S3 按键，可实现关灯时间（路灯全灭）的设置。

3．通过光照强度控制智能路灯的运行

可通过按键 S3 来选择光控模式。连续按下 S3 按键使数码管显示 F3，然后通过遮挡光敏电阻 RL 来控制路灯的亮灭。用物体遮挡 RL 时（模拟天黑），路灯点亮；不遮挡时（模拟天亮），路灯熄灭。调节电位器 RD2，可改变开启路灯所需光照强度的临界值。

如图 6-1-11 所示为模拟天亮效果图，如图 6-1-12 所示为模拟天黑效果图。

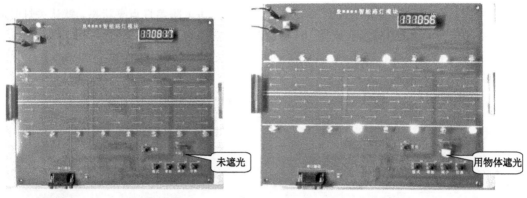

图 6-1-11　模拟天亮效果图　　　　　　　　图 6-1-12　模拟天黑效果图

 考核

	任务考核内容	标准分值	自我评分分值×50%	教师评分分值×50%
专业知识与技能	任务计划阶段			
	实训任务要求	10		
	任务执行阶段			
	熟悉智能路灯控制系统	5		
	熟悉智能路灯模块	5		
	了解智能路灯电路原理	5		
	实训设备使用	5		
	任务完成阶段			
	智能路灯模块连接与演示	10		
	智能路灯模块运行与调试	10		
	智能路灯模块的时间设置	15		
	智能路灯光照强度控制设置	15		
职业素养	规范操作（安全、文明）	5		
	学习态度	5		
	合作精神及组织协调能力	5		
	交流总结	5		
	合计	100		

学生心得体会及总结：

教师总体评价与建议：

教师签名：　　　　　日期：

任务二 智能路灯控制系统的操作

智能路灯控制系统能够对每盏路灯进行独立控制，采集每盏路灯的运行情况，并通过网络将相关信息反馈给监控室的上位机，通过上位机的操作控制智能路灯的运行情况。

任务目标

知识目标

1. 熟悉智能路灯控制系统；
2. 了解智能路灯控制系统与智能路灯模块的通信原理。

技能目标

1. 掌握智能路灯控制系统的操作方法；
2. 掌握智能路灯控制系统与智能路灯模块的通信方法。

任务内容

1. 智能路灯控制系统与智能路灯模块的通信连接；
2. 智能路灯亮灭时间设置及任意亮灯控制。

 知识

1. 智能路灯控制系统的功能及特点

智能路灯控制系统主要由路灯控制终端设备和监控中心两大部分组成，其基本功能及特点如下。

（1）功能

① 遥控功能：按时间和光照强度，由监控中心计算机统一自动控制（群控、分组控制）各照明节点路灯和户外灯（全夜灯、半夜灯、时段灯）的开与关，并能实现手动单节点、分组开关灯等功能。

② 分组功能：可对照明节点进行任意功能分组，分别采用时控和光控，以及工作日、节假日、重大节日等多套控制方案。

③ 多种模式转换功能：每天可在 5 种开关灯模式之间转换，方便实现全夜灯、半夜灯、时段灯、长明灯（隧道）、路灯亮度调节等功能，模式转换时间可配置。

（2）特点

① 智能监管，降低人工管理难度及成本。

实现路灯、户外灯远程监控，达到城市照明智能化。对每盏路灯的运行参数进行反馈，及时了解路灯运行状况，对故障路灯进行及时准确的处理。光控优先功能实现特殊恶劣天气下的互补式智能化远程管理，确保特殊恶劣天气下路面照明与节能的平衡。

② 二次节能，再次降低城市照明系统的运行费用。

根据不同路灯的需求进行灵活控制，做到半夜灯、全夜灯、长明灯、单灯亮度调节等模式的交叉、互补、综合运用，在满足最大实际需求的前提下，降低市场照明系统运行费用。

③ 人性化管理，更加便捷。

实施智能化控制，进行远程监控，方便市政人员白天的维护和检修，在降低市政维护费用的同时，也提高市场管理部门的工作效率。

图 6-2-1　光电技术实训系统界面

2. 智能路灯控制系统界面简介

双击电脑桌面上的"光电技术实训系统"软件图标，输入用户名及密码（用户名默认为"admin"，密码为"123456"），单击"确认"进入光电技术实训系统界面，如图 6-2-1 所示。单击　图标进入智能路灯控制系统界面，如图 6-2-2 所示。

图 6-2-2　智能路灯控制系统界面

智能路灯控制系统界面包含时间设置、路灯状态显示、任意亮灯控制及智能路灯控制四部分。

实训

1. 智能路灯模块的通信连接

安装串口驱动，如图 6-2-3 所示。

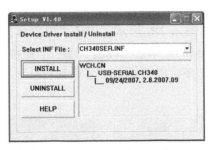

图 6-2-3　安装串口驱动

用串口线将智能路灯模块与 PC 连接后，打开设备管理器，查看串口所占用的端口如（图 6-2-4）。串口占用端口 COM4，在智能路灯控制系统界面中，"串口选择"设置为 COM4。

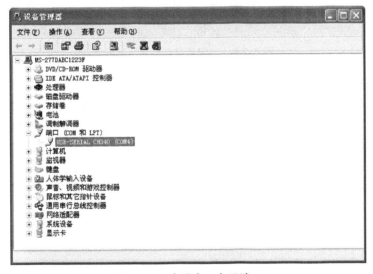

图 6-2-4　查看串口占用端口

2. 智能路灯控制系统设置

（1）路灯亮灭时间设置

如图 6-2-5 所示为"时间设置"区域，通过年份、月份、星期及日期可以预先设定路灯各种工作状态的时间。该区域显示的"系统时间"为当前 PC 时间，"天黑时间（全亮）""午夜时间（半亮）"及"天亮时间（全灭）"的设置通过直接修改时、分、秒或单击"+""−"按钮来实现，设置完成后单击"保存"按钮进行保存。如果需要设置新的时间，可单击"重置"按钮，系统将自动恢复到初始状态。

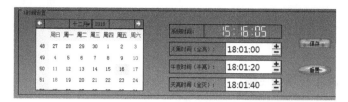

图 6-2-5　"时间设置"区域

"智能路灯控制"区域如图 6-2-6 所示。单击"串口选择"下拉按钮■进行串口的选择，本实训中应选择"COM4"。单击"控制类型"下拉按钮■进行控制类型的选择，如选择"正常亮灯控制"，选择完成后单击"发送到目标板"按钮，则可将控制命令发送到智能路灯模块。

图 6-2-6　"智能路灯控制"区域

（2）路灯任意亮灯控制

如图 6-2-7 所示为"任意亮灯控制"区域，勾选道路两侧任意路灯，如选择 A 侧的 2、5、6、8 灯及 B 侧的 1、2、3、7 灯，单击"开灯"按钮，则相应的路灯被点亮，开灯效果如图 6-2-8 所示。单击"关灯"按钮，则相应的路灯被熄灭。

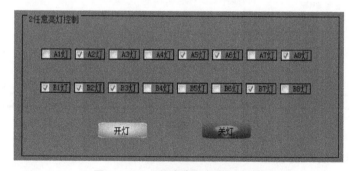

图 6-2-7　"任意亮灯控制"区域

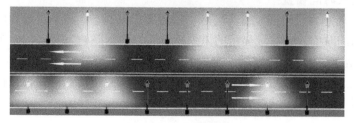

图 6-2-8　开灯效果图

如要在智能路灯模块上演示任意控制路灯，则单击"控制类型"下拉按钮，选择"任意亮灯控制"，如图 6-2-9 所示。选择完成后单击"发送到目标板"按钮，则可将控制命令发送到智能路灯模块。

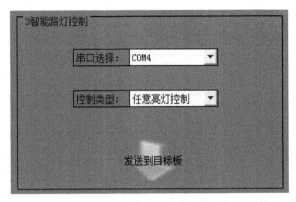

图 6-2-9 选择"任意亮灯控制"

（3）光强控制路灯亮灭

单击"控制类型"下拉按钮，选择"人工光照控制"，如图 6-2-10 所示。选择完成后单击"发送到目标板"按钮，则可将控制命令发送到智能路灯模块。此时智能路灯模块数码管显示 F3，通过遮挡光敏电阻来控制路灯的亮灭，遮挡时（模拟天黑）灯亮，不遮挡时（模拟天亮）灯保持熄灭的状态。

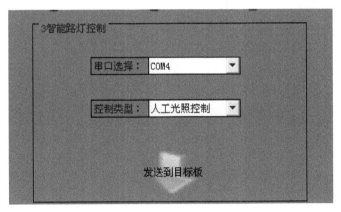

图 6-2-10 选择"人工光照控制"

3. 实训拓展：通过上位机控制智能路灯

打开智能路灯软件，修改开灯时间为 19 点 00 分 00 秒，半开时间为 19 点 00 分 10 秒，关灯时间为 19 点 00 分 20 秒，截图保存；人工控制开灯，打开 A1、B5 灯，在软件界面预览，截图保存。发送人工开灯数据到目标板上。

考核

任务考核内容		标准分值	自我评分分值×50%	教师评分分值×50%
专业知识与技能	任务计划阶段			
	实训任务要求	10		
	任务执行阶段			
	熟悉智能路灯控制系统	5		
	熟悉智能路灯模块	5		
	理解智能路灯工作原理	5		
	实训设备使用	5		
	任务完成阶段			
	智能路灯模块连接	5		
	智能路灯模块运行与调试	10		
	智能路灯模块的时间设置	15		
	智能路灯上位机的操作	20		
职业素养	规范操作（安全、文明）	5		
	学习态度	5		
	合作精神及组织协调能力	5		
	交流总结	5		
合计		100		

学生心得体会与收获：

教师总体评价与建议：

教师签名：　　　　日期：

任务三 LED 智能路灯电路的制作

　　LED 智能路灯控制系统的硬件结构以单片机 STC12C5A60S2 为主控制器，利用光敏电阻采集到的数据信号去控制路灯的光线变化和亮灭。通过系统的软硬件调试，使 LED 智能路灯控制系统在模拟光线变化的环境下完成路灯点亮、路灯亮度控制及路灯控制模式的转换。

任务目标

知识目标

1. 熟悉 LED 智能路灯各组成电路芯片的引脚功能；
2. 掌握基本元器件的识别与检测方法。

技能目标

1. 掌握 LED 智能路灯电路的制作方法；
2. 掌握 LED 智能路灯电路的调试与检测方法。

任务内容

1. 认识 LED 智能路灯电路芯片；
2. 制作 LED 智能路灯电路；
3. 运行与调试 LED 智能路灯电路。

 知识

1. 单片机 STC12C5A60S2 简介

　　单片机 STC12C5A60S2 中包含中央处理器（CPU）、程序存储器（Flash）、数据存储器（SRAM）、定时/计数器、UART 串口、I/O 口、高速 A/D 转换、SPI 接口、PCA、看门狗及片内 RC 振荡器和外部晶体振荡电路等模块。STC12C5A60S2 中几乎包含了数据采集和控制中所需的所有单元模块。如图 6-3-1 所示为单片机实物图。

图 6-3-1　单片机实物图

　　单片机引脚功能图如图 6-3-2 所示，其中 38 脚为 VCC（5V

供电电源），16 脚为 GND（接地）。

① P0：P0 为一个 8 位漏极开路双向 I/O 口，每个引脚可接收 8TTL 门电流。当 P0 的引脚写入 "1" 时，被定义为高阻输入。P0 能够用于外部程序和数据存储器，它可以被定义为数据/地址的第 8 位。在 Flash 编程时，P0 作为原码输入口；当 Flash 进行校验时，P0 输出原码，此时 P0 外部电位必须被拉高。

② P1：P1 是一个内部提供上拉电阻的 8 位双向 I/O 口，P1 缓冲器能接收及输出 4TTL 门电流。P1 的引脚写入 "1" 后，电位被内部拉高，可用作输入；P1 被外部下拉为低电平时，将输出电流，这是由于内部上拉的缘故。在 Flash 编程和校验时，P1 可作为第 8 位地址。

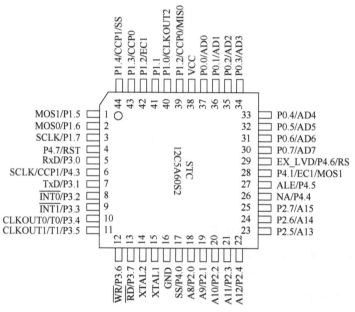

图 6-3-2　单片机引脚功能图

③ P2：P2 为一个有内部上拉电阻的 8 位双向 I/O 口，P2 缓冲器可接收及输出 4TTL 门电流。当 P2 写入 "1" 时，其引脚电位被内部上拉电阻拉高，且作为输入。作为输入时，P2 的引脚电位被外部拉低，将输出电流，这是由于内部上拉的缘故。当 P2 用于外部程序存储器或 16 位地址外部数据存储器进行存取时，其输出地址的高 8 位。在给出地址 "1" 时，它利用内部上拉的优势。当对外部 8 位地址数据存储器进行读写时，P2 输出其特殊功能寄存器的内容。P2 在 Flash 编程和校验时接收高 8 位地址信号和控制信号。

④ P3：P3 是带内部上拉电阻的 8 位双向 I/O 口，可接收及输出 4 TTL 门电流。当 P3 写入 "1" 后，被内部上拉为高电平，并用作输入。作为输入时，由于被外部下拉为低电平，P3 将输出电流（ILL）。P3 也可作为 AT89C51 的一些特殊功能口。

- P3.0 RxD（串行输入口）
- P3.1 TxD（串行输出口）
- P3.2 INT0（外部中断 0）
- P3.3 INT1（外部中断 1）
- P3.4 T0（计时器 0 外部输入）
- P3.5 T1（计时器 1 外部输入）

● P3.6 WR（外部数据存储器写选通）

● P3.7 RD（外部数据存储器读选通）

⑤ RST：复位输入。当振荡器复位器件时，要保持 RST 两个机器周期的高平时间。

⑥ ALE/PROG：当访问外部存储器时，地址锁存允许的输出电平用于锁存地址的低位字节。在 Flash 编程期间，此引脚用于输入编程脉冲。平时，ALE 以不变的频率周期输出正脉冲信号，此频率为振荡器频率的 1/6。因此，它可用于对外部输出脉冲或用于定时目的。然而要注意的是，在用作外部数据存储器时，将跳过一个 ALE 脉冲。如想禁止 ALE 输出，可在 SFR8EH 地址上置 0。这样，只有在执行 MOVX 和 MOVC 指令时 ALE 才起作用。另外，该引脚被略微拉高。如果微处理器在外部执行状态 ALE 禁止，则置位无效。

⑦ PSEN：外部程序存储器的选通信号。在外部程序存储器取址期间，每个机器周期内 PSEN 两次有效。但在访问内部数据存储器时，这两次有效的 PSEN 信号将不出现。

⑧ EA/VPP：当 EA 保持低电平时，访问外部 ROM；在加密方式 1 时，EA 将内部锁定为 RESET；当 EA 保持高电平时，访问内部 ROM。在 Flash 编程期间，此引脚也用于施加 12V 编程电源（VPP）。

⑨ XTAL1：反向振荡器的输入及内部时钟工作电路的输入。

⑩ XTAL2：反向振荡器的输出。

2. 锁存器芯片 74HC573 简介

74HC573 包含 8 路 3 态输出的非反转透明锁存器，是一种高性能硅栅 CMOS 器件。

原理说明：8 个锁存器都是透明的 D 型锁存器，当使能（G）为高时，Q 输出将随数据（D）输入而变。当使能为低时，输出将锁存在已建立的数据电平上。输出控制不影响锁存器的内部工作，即旧数据可以保留，甚至当输出被关闭时，也可以置入新数据。这种电路可以驱动大电容或低阻抗负载，可以直接与系统总线连接并驱动总线，而不需要外部接口。其特别适用于缓冲寄存器、I/O 通道、双向总线驱动器和工作寄存器。

74HC573 芯片引脚功能见表 6-3-1。

表 6-3-1　74HC573 芯片引脚功能

引　脚　号	引 脚 名 称	说　　　明	引　脚　号	引 脚 名 称	说　　　明
1	OE	3 态允许控制端（低电平有效）	20	VCC	电源供电端
2	D0	数据输入端	19	Q0	数据输出端
3	D1		18	Q1	
4	D2		17	Q2	
5	D3		16	Q3	
6	D4		15	Q4	
7	D5		14	Q5	
8	D6		13	Q6	
9	D7		12	Q7	
10	GND	接地端	11	LE	锁存控制端

74HC573 真值表见表 6-3-2。

表 6-3-2　74HC573 真值表

输　　　入		输　　　出	
输出使能（OE）	锁存使能（LE）	D	Q
L	H	H	H
L	H	L	L
L	L	X	Q0
H	X	X	Z

注：X 表示状态不定，Z 表示高阻态。

3．通信芯片 MAX232 简介

当单片机和 PC 通过串口进行通信时，尽管单片机有串行通信的功能，但单片机提供的信号电平和 RS-232 串口的标准不一样，因此要通过 MAX232 这种芯片进行电平转换。如图 6-3-3所示为 MAX232 应用电路图。MAX232 芯片是专为 RS-232 标准串口设计的单电源电平转换芯片，使用+5V 单电源供电。这种芯片特别适合电池供电系统，这是由于其低功耗关断模式可以将功耗降低到 5μW 以内。如图 6-3-4 所示为 MAX232 外形图及引脚功能图。

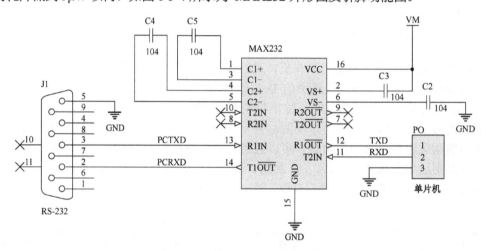

图 6-3-3　MAX232 应用电路图

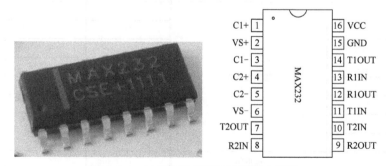

图 6-3-4　MAX232 外形图及引脚功能图

4．集成运放 LM311 简介

LM311 是一款高灵活性的电压比较器，能工作在 5～30V 单电源或±15V 双电源下。

如图 6-3-5 所示为 LM311 的外形图及引脚功能图。LM311 引脚功能见表 6-3-3。

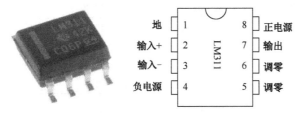

图 6-3-5　LM311 的外形图及引脚功能图

表 6-3-3　LM311 引脚功能

引 脚 号	引 脚 名 称	说　明	引 脚 号	引 脚 名 称	说　明
1	GND	接地	8	VCC	正电源
2	INPUT+	正向输入端	7	OUT	输出端
3	NPUT-	反向输入端	6	BAL	调零
4	VEE	负电源	5	BAL	调零

 实训

1．智能路灯控制电路的制作

（1）实训准备

准备智能路灯实训板及其套件、常用电工工具（尖嘴钳、镊子、螺丝刀等）、检测仪器（万用表、电容表等）、电烙铁（含烙铁架、松香、焊锡丝等）、电脑、串口通信线、连接导线等。

智能路灯控制电路元器件清单见表 6-3-4。

表 6-3-4　智能路灯控制电路元器件清单

序号	名　称	数量	位 置 标 识	型号或规格
1	电源接线铜柱	2	+5V，GND1	CON1
2	电解电容	1	C3	220μF/16V
3	电解电容	1	C5	47μF/ 50V
4	贴片电容	1	C6	100pF
5	贴片电容	2	C7，C8	22pF
6	贴片电容	8	C1，C2，C4，C9，C10，C11，C12，C13	104
7	串口卧式母头	1	COM1	DB-9/M 卧（母头）
8	典型砷化镓发光二极管	16	DS1，DS2，DS3，DS4，DS5，DS6，DS7，DS8，DS9，DS10，DS11，DS12，DS13，DS14，DS15，DS16	5mm 白色
9	5mm 红色发光二极管	1	POW_LED1	5mm 红色
10	5mm 绿色发光二极管	1	DS17	5mm 绿色
11	工字电感	1	L1	15μH

续表

序号	名　称	数量	位　置　标　识	型号或规格
12	贴片电阻	23	POW_R1，R1，R2，R3，R4，R5，R6，R7，R8，R11，R15，R19，R20，R21，R24，R25，R26，R27，R29，R31，R41，R42，R43	1kΩ
13	排阻	1	PR1	A09-103
14	贴片电阻	8	R9，R10，R12，R13，R14，R16，R17，R18	100
15	直插光敏电阻	1	RL	亮阻 2～5kΩ
16	贴片电阻	5	R23，R28，R30，R32，R33	1kΩ
17	开关	1	S1	8mm×8mm 自锁开关
18	按键	5	S2，S3，S4，S5，S6	6mm×6mm×5mm 轻触开关，立式 4 脚
19	数码管	1	SMG1	JY-3661A-BS
20	锁存器	2	U1，U2	74HC573
21	处理器	1	U3	STC12C5A60S2-LQFP
22	通信芯片	1	U4	MAX232
23	运算放大器	1	U5	LM311
24	晶体振荡器	1	Y1	11.0592MHz

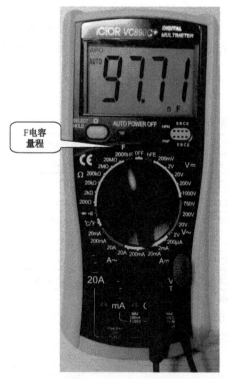

图 6-3-6　用数字万用表检测电容

（2）元器件检测

① 贴片电容的检测。

贴片电容上没有标注容值，只能通过仪表检测。可用数字电容表或数字万用表等仪表来检测。下面简单介绍用数字万用表检测电容的操作方法。

● 将红表笔插入"V/Ω/┤├"插孔，黑表笔插入"COM"插孔。

● 将量程转换开关转至 F（2000μF）电容量程上，表笔与电容两端连接，显示屏上显示的读数即该电容的容值。例如，测量贴片电容（104），测量结果为 97.71nF，如图 6-3-6 所示。

② 贴片电阻的识读。

贴片电阻的表面一般为黑色，用 3 位数字来表示阻值。前两位数字代表阻值的有效数字，第 3 位数字表示在有效数字后面应添加"0"的个数。当阻值小于 10Ω 时，在代码中用 R 表示阻值小数点的位置，这种表示法通常用于阻值误差为 5% 的电阻系列。

例如：330 表示 33Ω，而不是 330Ω；221 表示 220Ω；683 表示 68000Ω，即 68kΩ；105 表示

1MΩ；6R2 表示 6.2Ω。

③ 二极管的检测。

贴片式发光二极管 DS17 的检测方法和普通插件式发光二极管的检测方法相同，测出正向电阻小的那一次黑表笔所接的为正极，红表笔所接的为负极。也可以从外观上观察其极性，内部尺寸大的极片引脚为负极，或者靠近切角标识的引脚为负极。

④ 芯片与排阻的识别。

套件中使用的芯片有 74HC573（U1、U2）、STC12C5A60S2（U3）、MAX232（U4），芯片引脚识别如图 6-3-7 所示，其中 1 脚位于靠近缺口或圆点的左下角。安装时要注意引脚排列，单片机芯片圆点标识与电路板上单片机芯片丝印圆角要对准，如图 6-3-8 所示。排阻 103J（PR1）的阻值为 10kΩ，其内部结构及引脚识别如图 6-3-9 所示。

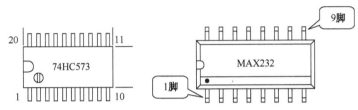

图 6-3-7　芯片引脚识别图

图 6-3-8　STC12C5A60S2 安装对准位置

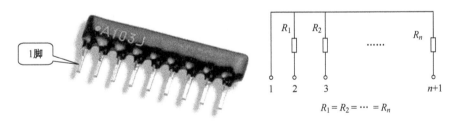

$$R_1 = R_2 = \cdots = R_n$$

图 6-3-9　排阻引脚识别及内部结构图

（3）焊接与组装

① 组装原则。

按元件级、插件级、插箱板级和箱、柜级顺序，遵循先小后大、先低后高、由内到外的原则进行组装。

② 组装过程。

本套件中的 PCB 采用双面板。组装过程中先安装底层板上的元器件，后安装顶层板上的元器件。

底层板上的电阻、电容、芯片、晶体振荡器、电感、排阻等元器件的安装如图 6-3-10 所示。

顶层板上的 LED 灯珠、LED 指示灯、按键、自锁开关、数码管、串行通信口、光敏电阻、电位器等元器件的安装如图 6-3-11 所示。

（a）U1、U2 及外围元器件安装图　　（b）U3 及外围元器件安装图　　（c）U4 及外围元器件安装图

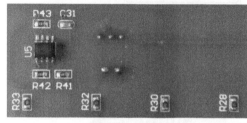

（d）U5 及周边元器件安装图　　　　　　（e）电感 L1、C3、C4 安装图

图 6-3-10　底层板元器件安装图

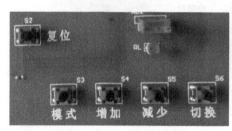

（a）按键、光敏电阻、电位器安装图　　　　　　（b）串口安装图

图 6-3-11　顶层板元器件安装图

2．电路的检测与调试

在不接通电源的情况下，将万用表置于蜂鸣挡，用红、黑表笔检测 74HC573（U1、U2）、STC12C5A60S2（U3）、MAX232（U4）、LM311（U5）的引脚与焊盘间是否焊接好，相邻的引脚有无短路。使用万用表的电阻挡测试光敏电阻 RL 在有光照时阻值是否变小，在无光照时阻值是否变大。调节电位器 RD2，测量其 1、2 脚或 2、3 脚间电阻值是否变化。

接通 5V 直流电源，用万用表直流电压挡测量单片机等芯片供电引脚对地电压是否正常（5V 左右为正常），确认正常后通电运行，检查模块制作效果。

注意：测试贴片元器件时，要防止万用表表笔接触到芯片相邻的引脚引起短路而损坏芯片。

用万用表测量光电传感器电路中 LM311（U5）各引脚电压值，并用小一字螺丝刀调节精密电位器 RD2 的阻值（由小到大），观测 LM311 的 7 脚输出电压的变化。将测量结果填入表 6-3-5 中。

表 6-3-5 LM311 引脚电压测量结果

引　脚	功　能	电　压　值	引脚电压变化范围
1	GND		
2	正向输入端		
3	反向输入端		
4	GND		
7	OUT		
8	VCC		

 考核

	任务考核内容	标准分值	自我评分分值×50%	教师评分分值×50%
专业知识与技能	任务计划阶段			
	实训任务要求	10		
	任务执行阶段			
	了解芯片引脚功能	5		
	掌握元器件的识别与检测方法	10		
	熟悉智能路灯电路的焊接	10		
	实训设备使用	5		
	任务完成阶段			
	智能路灯模块的连接	5		
	智能路灯模块的运行与调试	5		
	智能路灯模块的检测	10		
	智能路灯制作效果	20		
职业素养	规范操作（安全、文明）	5		
	学习态度	5		
	合作精神及组织协调能力	5		
	交流总结	5		
	合计	100		
学生心得体会及总结：				
教师总体评价与建议：				
教师签名：　　　　日期：				

项目七

单色 LED 点阵显示屏的制作与应用

LED 显示屏是随着计算机技术及相关的微电子、光电子技术的迅速发展而出现的一种新型信息显示媒体。LED 显示屏是由几百个至几十万个半导体发光二极管构成的像素点，按矩阵均匀排列组成的。利用不同的半导体材料可以形成不同颜色的 LED 像素点。目前应用最广的是红色、绿色、黄色、蓝色 LED 显示屏。LED 显示屏通过控制半导体发光二极管亮度的方式，来显示文字、图形、图像、动画、视频等。

任务一 8×8单色LED点阵显示屏的应用

目前大多数 LED 点阵显示系统自带字库，其显示和动态效果（主要是显示内容的移动）的实现主要依靠硬件扫描驱动，该方法虽然比较方便，但只能按照预先的设计显示内容。而在实际应用中经常会遇到一些特殊要求的动态显示，如电梯运行中指示箭头的上下移动、某些智能仪表幅值的条形显示、广告中厂家的商标显示等。

任务目标 ⊕

知识目标

1. 了解 8×8 单色 LED 点阵显示屏的电路结构;
2. 熟悉 8×8 单色 LED 点阵显示屏的显示原理。

技能目标

1. 掌握 8×8 单色 LED 点阵显示屏的连接方法;

2. 掌握 8×8 单色 LED 点阵显示程序修改方法；

3. 掌握 8×8 单色 LED 点阵取模软件的使用方法。

任务内容

1. 8×8 单色 LED 点阵模块的组成结构及其引脚排列；

2. 8×8 单色 LED 点阵取模软件的使用；

3. 8×8 单色 LED 点阵显示程序的修改。

知识

1. 8×8 单色 LED 点阵模块的结构

8×8 单色 LED 点阵（以下简称 8×8 点阵）模块是组成显示屏的基本单元。它是由 64 个 LED 按照一定的规律排列在一起，引出 16 个引脚并封装而成的。如图 7-1-1 所示为 8×8 点阵模块外形图。

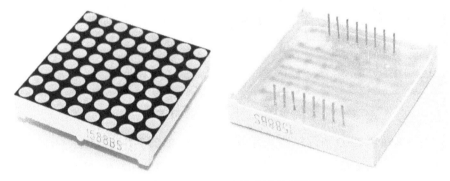

图 7-1-1　8×8 点阵模块外形图

8×8 点阵模块内部的 LED 有共阳和共阴两种接法。共阳接法是指 LED 的阳极（"+"）接在行线上，而 LED 的阴极（"-"）接在列线上。反之，LED 的阴极接在行线上，而 LED 的阳极接在列线上则为共阴接法。如图 7-1-2 所示为 8×8 点阵模块内部结构图，图中 1588AS 为共阴接法，1588BS 为共阳接法。

8×8 点阵模块内部的每个发光二极管都位于行线和列线的交叉点上。在共阳接法中，若对应的某一行置 1（高电平），某一列置 0（低电平），则相应的发光二极管点亮。例如，要将点阵模块的第一个 LED（点阵屏幕面向自己，标有 "1588BS" 字样的那面朝下，左上角即为第一个 LED）点亮，则行 H1（点阵 9 脚）接高电平，列 L1（点阵 13 脚）接低电平；如果要将第一行点亮，则行 H1 接高电平，而列 L1～L8 接低电平；如要将第四列点亮，则列 L4 接低电平，而行 H1～H8 接高电平；如要将整个显示屏点亮，则所有列 L1～L8 接低电平，所有行 H1～H8 接高电平。如图 7-1-3 所示为点阵模块点亮效果图。

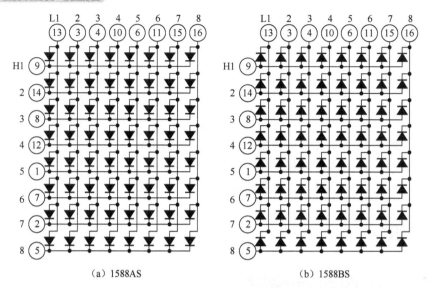

（a）1588AS　　　　　　　　（b）1588BS

图 7-1-2　8×8 点阵模块内部结构图

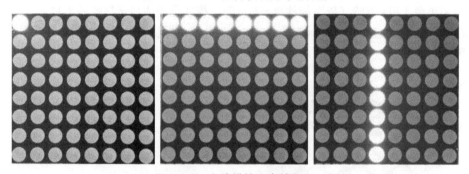

图 7-1-3　点阵模块点亮效果图

目前，8×8 单色 LED 点阵模块共有 16 个引脚，如图 7-1-4 所示。

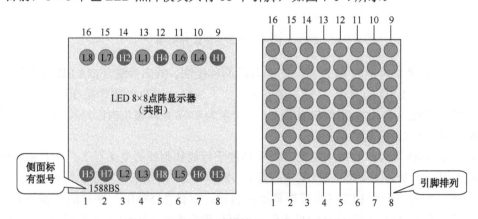

图 7-1-4　8×8 点阵模块行、列及引脚排列图

另外，还有一种排列形式是上有 12 个引脚、下有 6 个引脚，共 18 个引脚（其中有两个引脚为空脚 NC），如图 7-1-5 所示。图中 H 表示行，L 表示列。

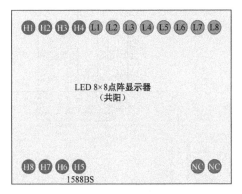

图 7-1-5　另外一种 8×8 点阵模块引脚排列图

2．8×8 点阵显示原理

由于 51 单片机驱动电流有限，直接驱动 8×8 点阵模块则显示亮度不够，所以一般须外接排阻、三极管或集成芯片以增大驱动电流。对于单个 8×8 点阵模块来说，只要行或列外接驱动电路就能正常显示，无须行、列都外接驱动电路。

点阵的显示方式有静态和动态两种，扫描方式一般有行扫描和列扫描两种。

下面简单介绍一下共阳 8×8 点阵的编码原理。例如，要在共阳 8×8 点阵屏上显示"0"，可以采用行扫描静态显示方式。如图 7-1-6 所示，须形成的列代码为 0x1C、0x22、0x22、0x22、0x22、0x22、0x22、0x1C；只要把这些代码分别送到相应的列线上，即可显示数字"0"。如果采用列扫描，则要用相应的行代码，分别为 0xFF、0xFF、0x81、0x7E、0x7E、0x7E、0x81、0xFF。

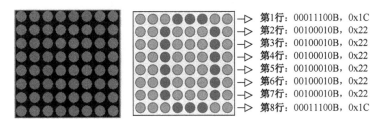

图 7-1-6　8×8 点阵显示编码

3．8×8 点阵显示电路简介

8×8 点阵显示电路图如图 7-1-7 所示。STC89C52 为主控芯片。74HC138 为译码器芯片，连接 8×8 点阵模块的列。74HC595 为行驱动芯片，连接点阵模块的行，进行行驱动。

主控芯片中 RST 为复位端，外接复位电路，用于电路复位。8×8 点阵（A 或 B）、32×16 点阵（C）的选取通过单片机 STC89C52 的 P3.5、P3.6 及 P3.7 引脚实现。P2.0、P2.1、P2.2 连接 74HC138 的译码输入端，实现点阵列扫描。而 74HC595 是具有 8 位移位寄存器、存储器、三态输出功能的驱动器，74HC595 将 STC89C52 发送过来的 8 位串行数据转换成 8 位并行数据，用以驱动点阵行扫描。

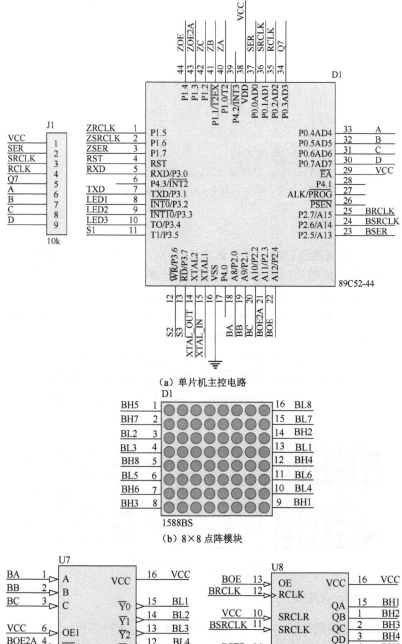

（a）单片机主控电路

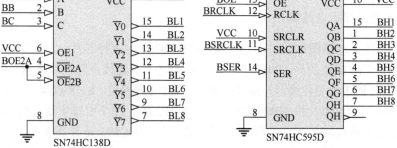

（b）8×8 点阵模块

（c）74HC138 与 74HC595 芯片连接电路

图 7-1-7　8×8 点阵显示电路图

实训

1.8×8 点阵取模软件的应用

8×8 点阵取模软件的原理是将一个数字、字母或图像转换成一串十六进制的字模数据，然后添加到单片机程序的数组中，再把程序烧写进单片机中，即可在 8×8 点阵中显示。

下面具体介绍本任务中使用的 8×8 点阵取模软件的应用。

打开点阵取模软件，如图 7-1-8 所示。

由于本实训中是通过列来点亮点阵的，所以通过单击 共阴/共阳 来设置成 引脚设置 点阵：H低 L高 有效，然后通过鼠标在"点阵"区域中手动构造出想要显示的数字、字母或图形，单击 生成数组 得到相应的字模数据，如图 7-1-9 所示。最后在单片机程序中建立一个无符号字符数组，把字模数据（TableL[]）复制到数组中即可。由于该软件采用手动构图，所以可以深入地了解点阵的构图原理。

图 7-1-8　点阵取模软件界面

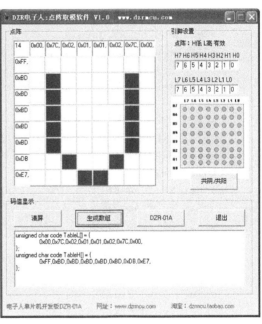

图 7-1-9　生成字模数据

2.8×8 点阵程序的调试与修改

程序分为主控程序和点阵子程序两部分，通过运行主控程序来调取相应的点阵子程序，从而达到显示目的。

点阵程序流程图如图 7-1-10 所示。

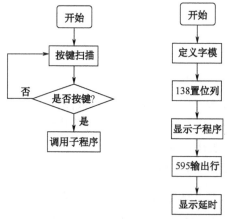

（a）主控程序流程　　（b）点阵子程序流程

图 7-1-10　点阵程序流程图

（1）主控程序

```c
#include <reg52.h>

#define uintunsignedint
#define uchar unsigned char

sbit S2=P3^5;                    //按键定义
sbit S3=P3^6;
sbit S4=P3^7;
sbit D1=P3^2;                    //LED灯定义
sbit D2=P3^3;
sbit D3=P3^4;
uchar S2_flag=0;                 //按键标志位定义
uchar S3_flag=0;
uchar S4_flag=0;

extern void dianzhen1();         //调用标准8×8点阵子程序
extern void dianzhen2();         //调用制作8×8点阵子程序
extern void dianzhen3();         //调用16×32点阵子程序
extern void timer_init();

void main()
{
timer_init();
 while(1)
  {
  if(S2==0){
       S2_flag=1;S3_flag=0;S4_flag=0; }   //按键扫描，判断是否按下按键
      if(S3==0){
       S2_flag=0;S3_flag=1;S4_flag=0;}
       if(S4==0){
          S2_flag=0;S3_flag=0;S4_flag=1;}
```

```
        if(S2_flag)        //判断是否按下S2键，调用标准8×8点阵子程序
        {
            D1=0;
            D2=D3=1;
            dianzhen1();
        }
        if(S3_flag)        //判断是否按下S3键，调用制作8×8点阵子程序
        {
            D2=0;
            D1=D3=1;
            dianzhen2();
        }
        if(S4_flag)        //判断是否按下S4键，调用16×32点阵子程序
        {
            D3=0;
            D1=D2=1;
            dianzhen3();
        }


    }
}
```

（2）8×8 点阵子程序

```
#include <reg52.h>

typedef unsigned intuint;
typedef unsigned char uchar;

sbit BOE2A=P2^3;            //74HC138
sbit BOE=P2^4;              //74HC595
sbit BSER=P2^5;             //74HC595
sbit BSRCLK=P2^6;           //74HC595
sbit BRCLK=P2^7;            //74HC595

uchar code shuzi1[4][8]={
{0x00,0x7C,0x02,0x01,0x01,0x02,0x7C,0x00},   //v
{0x00,0x3C,0x42,0x42,0x42,0x42,0x00,0x00},   //c
{0x00,0x3C,0x42,0x42,0x42,0x42,0x3C,0x00},   //o
{0x00,0x7E,0x20,0x10,0x10,0x20,0x7E,0x00},   //m
}; //此处可用于修改字模，显示不同的内容

void delay1(uint z);
void display1(uchartt);

void dianzhen1()                    //标准8×8点阵子程序
{
 uinti,j,k;
 for(k=0;k<5;k++)
```

```
    {
     for(i=30;i>0;i--)
      {
    for(j=0;j<8;j++)
        {
         BOE2A=1;                     //使能端，74HC138输出全部为高电平
         display1(shuzi1[k][j]);
         P2=0XE8|j;                   //换行
         BOE2A=0;                     //打开使能端显示
         delay1(1);
        }
      }
    }


    }

    void display1(uchartt)           //显示子程序
    {
     uchar n;
     for(n=0;n<8;n++)
     {
         BSRCLK=0;
         BSER=tt&0X01;                //将数据低位送入595数据线
         BSRCLK=1;                    //上升沿输入数据
         tt>>=1;                      //右移一位
     }
     BRCLK=0;
     BRCLK=1;                         //上升沿使数据并行输出
    }

    void delay1(uint z)              //延时子程序
    {
     uintx,y;
     for(x=z;x>0;x--)
         for(y=200;y>0;y--);
    }
```

如果要显示其他内容，可以利用取模软件生成字模库进行修改。例如，要显示数字 0～5，可以修改为以下字模库。

```
uchar code shuzi1[6][8]={
{0x00,0x3C,0x42,0x81,0x81,0x42,0x3C,0x00},   //0
{0x00,0x02,0x42,0xFE,0x02,0x02,0x00,0x00},   //1
{0x00,0x4F,0x49,0x49,0x49,0x49,0x79,0x00},   //2
{0x00,0x49,0x49,0x49,0x49,0x49,0x7F,0x00},   //3
{0x00,0x18,0x28,0x48,0xFE,0x08,0x08,0x00},   //4
{0x00,0x79,0x49,0x49,0x49,0x4F,0x00,0x00},   //5
};
```

根据需要，应用所学知识在 8×8 点阵子程序中按照上述方法修改显示内容及显示字体

和大小。

3. 8×8 点阵模块的显示效果展示

如图 7-1-11 所示，连接 5V 稳压电源，按下电源开关，指示灯亮，说明供电正常。

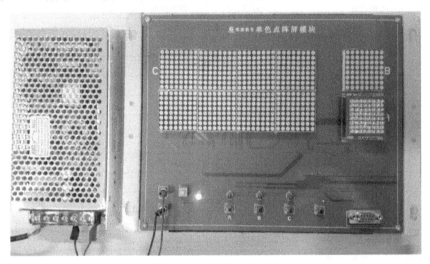

图 7-1-11　连接 5V 电源

下载编制或修改好的程序到下位机，复位后按下 B 按键即可循环显示数字 0～5，如图 7-1-12 所示为显示数字"2"的效果图。

图 7-1-12　8×8 点阵屏显示效果图

 考核

任务考核内容		标准分值	自我评分分值×50%	教师评分分值×50%
专业知识与技能	任务计划阶段			
	实训任务要求	10		
	任务执行阶段			
	熟悉 8×8 点阵模块的内部结构	5		
	熟悉 8×8 点阵模块的显示原理	5		
	掌握 8×8 点阵取模软件的使用	5		
	实训设备使用	5		
	任务完成阶段			
	8×8 点阵电路连接	5		
	8×8 点阵模块运行	15		
	程序调试与修改	15		
	8×8 点阵显示效果	15		
职业素养	规范操作（安全、文明）	5		
	学习态度	5		
	合作精神及组织协调能力	5		
	交流总结	5		
合计		100		

学生心得体会与收获：

教师总体评价与建议：

教师签名：　　　　　　　　日期：

任务二 8×8 单色 LED 点阵显示屏的制作与调试

8×8 单色 LED 点阵显示屏具有体积小、硬件少、电路结构简单及容易实现等优点。它能帮助广大电子爱好者了解点阵显示原理，认识单片机的基本结构、工作原理及应用方法，并提高单片机技术的运用能力。利用单片机来设计系统，既能实现系统所需的功能，也能满足计数的准确、迅速性，并且电路简单，操作简便，通用性强。

任务目标

知识目标

1. 了解单片机 AT89S51 的基本功能及引脚排列；
2. 熟悉驱动芯片 74HC245 的功能及引脚排列；
3. 了解 8×8 点阵显示屏电路的组成。

技能目标

1. 掌握 8×8 点阵显示屏的设计原理；
2. 学会使用万能电路板制作 8×8 点阵显示屏；
3. 掌握单色点阵取模软件的使用方法及显示程序编写方法。

任务内容

1. 8×8 点阵显示屏的设计与制作；
2. 单色点阵取模及显示程序的编写。

 知识

1. 单片机 AT89S51 简介

单片机 AT89S51 的外形及引脚功能图如图 7-2-1 所示。

VCC：供电电压（+5V）。

GND：接地。

P0：这是一个 8 位漏极开路双向 I/O 口，每脚可接收 8TTL 门电流。

P1：这是一个内部提供上拉电阻的 8 位双向 I/O 口，缓冲器能接收及输出 4TTL 门电流。

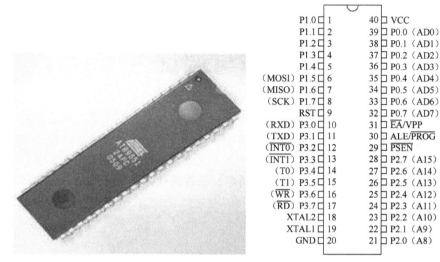

图 7-2-1　单片机 AT89S51 的外形及引脚功能图

P2：这是一个带内部上拉电阻的 8 位双向 I/O 口，缓冲器可接收及输出 4TTL 门电流。

P3：这是带内部上拉电阻的 8 位双向 I/O 口，可接收及输出 4TTL 门电流。

RST：复位输入。当振荡器复位器件时，要保持 RST 两个机器周期的高电平时间。

ALE／$\overline{PROG}$：当访问外部存储器时，地址锁存允许的输出电平用于锁存地址的低位字节。

$\overline{PSEN}$：外部程序存储器的选通信号。在外部程序存储器取址期间，每个机器周期内 $\overline{PSEN}$ 两次有效。但在访问外部数据存储器时，这两次有效的 $\overline{PSEN}$ 信号将不出现。

$\overline{EA}$／VPP：当 $\overline{EA}$ 保持低电平时，访问外部程序存储器；在加密方式 1 时，$\overline{EA}$ 将内部锁定为 RESET；当 $\overline{EA}$ 保持高电平时，访问内部程序存储器。在 Flash 编程期间，此引脚也用于施加 12V 编程电源（VPP）。

XTAL1：反向振荡器的输入及内部时钟工作电路的输入。

XTAL2：反向振荡器的输出。

2．驱动芯片 74HC245 简介

单片机或 CPU 的数据、地址、控制总线端口都有一定的负载能力，当实际负载超过其负载能力时，一般应加驱动芯片。驱动芯片主要应用于大屏显示及其他消费类电子产品显示器电路中。

为了保护脆弱的主控芯片，通常在主控芯片的并行接口与外部受控设备的并行接口间添加缓冲器。当主控芯片与受控设备之间需要实现双向异步通信时，须选用双向 8 路缓冲器。74HC245 是方向可控的 8 路缓冲器，主要用于实现数据总线的双向异步通信。如图 7-2-2 所示为 74HC245 引脚功能图及逻辑框图。

该芯片 1 脚为 DIR，用于转换输入与输出端口。DIR 为"1"即高电平时，信号由 A 端输入、B 端输出；DIR 为"0"即低电平时，信号由 B 端输入、A 端输出。74HC245 真值表见表 7-2-1。

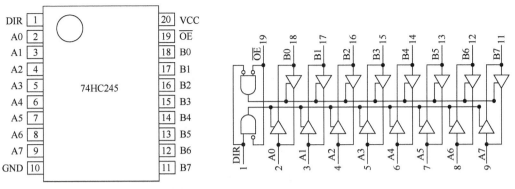

图 7-2-2　74HC245 引脚功能图及逻辑框图

表 7-2-1　74HC245 真值表

控 制 输 入	运行（DIR）	输 出
L	L	B 数据到 A 总线
L	H	A 数据到 B 总线
H	X	隔开

注：H 表示高电平，L 表示低电平，X 表示状态不定。

该芯片 20 脚为电源 VCC，10 脚为电源地 GND。

该芯片 19 脚为使能端 $\overline{OE}$，低电平有效，其为"1"时，A/B 端的信号被禁止传送，只有为"0"时 A/B 端才被启用，即起到开关的作用。

该芯片 2～9 脚为 A 信号输入或输出端，11～18 脚为 B 信号输出或输入端。如果 DIR 为"1"，$\overline{OE}$ 为"0"，则 A0～A7 为输入端，B0～B7 为输出端。如果 DIR 为"0"，$\overline{OE}$ 为"0"，则 B0～B7 为输入端，而 A0～A7 为输出端。

3．8×8 单色 LED 点阵系统电路组成

如图 7-2-3 所示为 8×8 点阵系统组成框图。点阵系统电路由按键电路、复位电路、时钟电路、电源电路、驱动电路、点阵显示器等部分组成。系统总电路如图 7-2-4 所示。

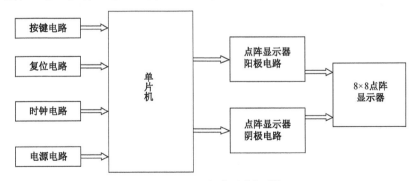

图 7-2-3　8×8 点阵系统组成框图

（1）电源电路

8×8 点阵电路由 5V 电源供电，按下自锁开关 S1 则指示灯亮，并为主电路供电，如图 7-2-5 所示。

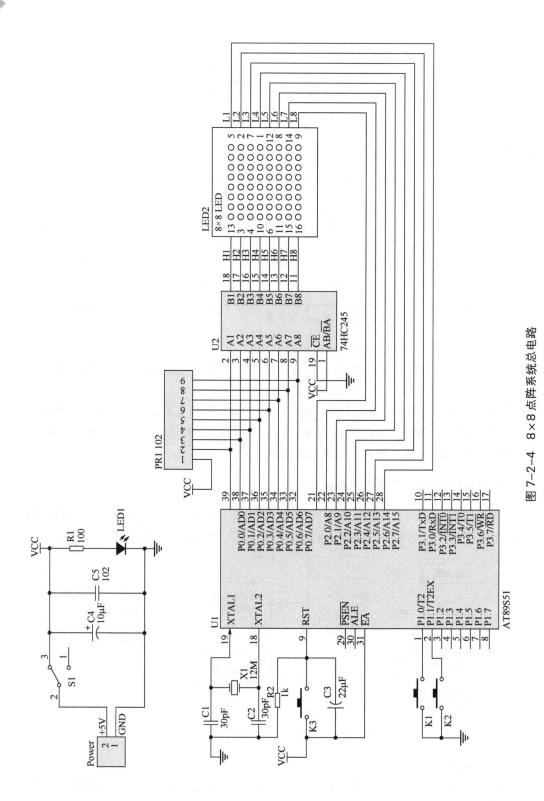

图7-2-4 8×8点阵系统总电路

（2）复位电路

复位电路如图 7-2-6 所示，其在单片机启动运行时自动进行复位，使单片机进入初始状态并从该状态开始运行；若在单片机工作过程中按下复位按键 K3，则单片机进入初始化处理过程，单片机会从初始状态开始按预定程序运行。

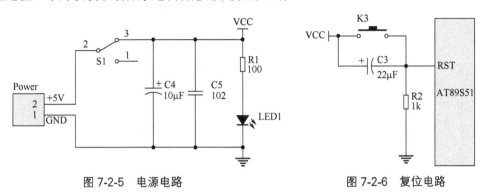

图 7-2-5　电源电路　　　　　　　　　图 7-2-6　复位电路

（3）按键电路

在单片机组成的小系统中，有时须提供人机交互功能，其中按键是最常见的输入方式之一。常见的按键电路有一对一的直接连接和动态扫描的矩阵式连接两种。直接连接的按键电路相对简单，一个按键独占一个端口，在按键数量较少时可以直接使用。如图 7-2-7 所示，当按下按键 K1 时，P1.0 为低电位，文字显示的滞留时间延长（显示速度变慢）；按下按键 K2 时，P1.1 为低电位，文字显示的滞留时间缩短（显示速度变快）。

（4）驱动电路

单片机 P0 口通过上拉电阻（102 排阻）后连接驱动芯片 74HC245 的 A0～A7 端，B0～B7 端连接 8×8 共阳点阵模块（1588BS）的行控制引脚，P2 口连接点阵模块的列控制引脚，点阵行驱动电路如图 7-2-8 所示。

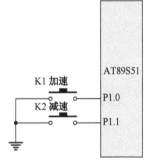

图 7-2-7　按键电路

 实训

1．8×8 点阵电路的设计与制作

（1）实训器材

8×8 点阵电路套件、程序烧录器、万用表、尖嘴钳、镊子、螺丝刀、电烙铁（含烙铁架、松香、焊锡丝）及导线等。

（2）元器件清单

8×8 点阵电路元器件清单见表 7-2-2。

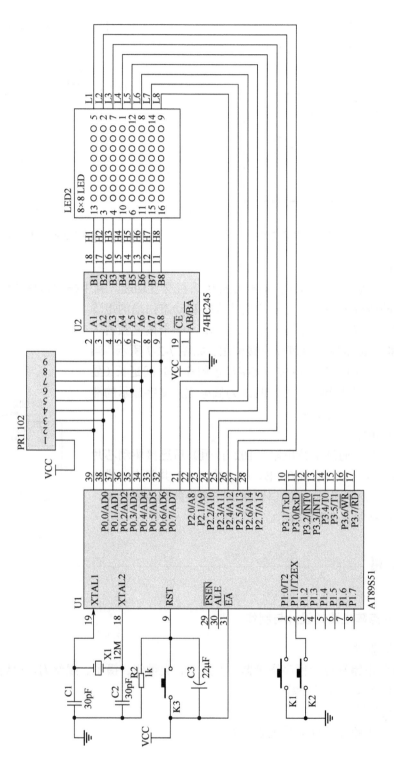

图 7-2-8 点阵行驱动电路

表 7-2-2　8×8 点阵电路元器件清单

序　号	名　称	数　量	位 置 标 识	型号或规格
1	单片机 AT89S51	1	U1	DIP40
2	IC 锁紧座	1	U1	DIP40
3	74HC245	1	U2	DIP20
4	IC 锁紧座	1	U2	DIP20
5	DC 电源接口	1	CON1	5.5mm×2.1mm
6	DC 电源线	1		5.5mm×2.1mm，带 USB 口
7	自锁开关	1	S1	7mm×7mm
8	碳膜电阻	1	R1	100
9	电解电容	1	C3	CAP，22μF
10	轻触开关	3	K1，K2，K3	6mm×6mm
11	瓷片电容	2	C1，C2	CAP，30pF
12	晶振	1	Y1	DIP 12MHz
13	点阵	1	LED2	LED8×8，1588BS
14	LED	1	LED1	蓝色，φ5mm
15	电阻	1	R2	1kΩ
16	排阻	1	PR1	1kΩ
17	万能电路板	1		150mm×90mm，绿油纤维玻纤

（3）电路制作

制作前对所需元器件进行逐一检测，确保元器件质量完好，并识别元器件引脚排列。然后根据图 7-2-4 所示电路将元器件正确安装在万能电路板上，并进行焊接，要求元器件布局合理，连线整齐规范，跳线尽量少，焊点光亮、饱满。点阵电路装配效果图如图 7-2-9 所示。

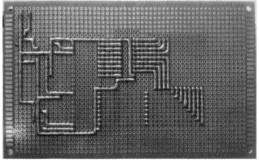

图 7-2-9　点阵电路装配效果图

2．8×8 点阵程序的修改与调试

焊接完成后，对单片机进行程序烧录。可以根据想要显示的内容修改程序。例如，要显示数字"18926960846"及一个简单的图案"❤"，要求显示的数字及图案从右至左连续移动，相应程序如下。

```
#include<reg52.h>
void delay(unsigned int T);
```

```
sbit key1=P1^0;
sbit key2=P1^1;
unsigned char i=1,z=40,x=0,j=0,tcount=0;
unsigned int ledroll[8];
unsigned char code digittab [104]={ //行选通
0x00,0x00,0x00,0x00,        //缓冲，0从右端出来
0x0,0x0,0x0,0x41,0xFF,0x1,0x0,0x0,/*1*/
0x0,0x0,0x6C,0x92,0x92,0x92,0x6C,0x0,/*8*/
0x0,0x0,0x64,0x92,0x92,0x92,0x7C,0x0,/*9*/
0x0,0x0,0x66,0x8A,0x8A,0x92,0x62,0x0,/*2*/
0x0,0x0,0x7C,0x92,0x92,0x92,0xC,0x0,/*6*/
0x0,0x0,0x64,0x92,0x92,0x92,0x7C,0x0,/*9*/
0x0,0x0,0x7C,0x92,0x92,0x92,0xC,0x0,/*6*/
0x0,0x7E,0x81,0x81,0x81,0x81,0x7E,0x0,//0
0x0,0x0,0x6C,0x92,0x92,0x92,0x6C,0x0,/*8*/
0x0,0x18,0x28,0x48,0xFE,0x8,0x0,0x0,/*4*/
0x0,0x0,0x7C,0x92,0x92,0x92,0xC,0x0,/*6*/
0x8,0x18,0x28,0x48,0x48,0x28,0x18,0x8,/* ❤*/
0x00,0x00,0x00,0x00        //让9继续移动完
};
unsigned char code tab[]={0x7f,0xbf,0xdf,0xef,0xf7,0xfb,0xfd,0xfe,}; //
列选通
void main()
{
TMOD=0x10;
 TH1=0x00;
 TL1=0x00;                    //给定时器赋初值
 EA  =1;
 ET0 =1;
 ET1 =1;
 TR0=1;
 TR1=1;
for(j=0;j<8;j++)
ledroll[j]=digittab[j];
while(1)
  {
    for(x=0;x<8;x++)                      //扫描显示出当前字样
    {
      P2=tab[x];
      P0=ledroll[x];
      delay(z);                          //滞留一下
    }
    /*将行选通后移一个*/
    if(++tcount>30)                       //扫描30次
    {
    tcount=0;
    for(j=0;j<8;j++)
```

```
        ledroll[j]=digittab[j+i];          //此处是重点
        if(++i>=96)                        //104减8等于96
        i=0;
        }
    }
}
void delay(unsigned int T)                 //制造视觉滞留效果
{
  unsigned int x,y;
  for(x=2;x>0;x--)
  for(y=T;y>0;y--);
}
void Timer0_isr(void) interrupt 1 using 1
{
  TH1=0x00;
  TL1=0x00;
  if(key1==0)
  {
    delay(300);
    if(key1==0)
    z++;
  }
  if(key2==0)
  {
    delay(300);
    if(key2==0)
    z--;
  }
}
```

上面是显示数字"18926960846"及图案"❤"的程序。一个字符或图案有 8 个代码，移动显示 11 个数字和 1 个图案，就有 96（12×8=96）个代码，再加上数据缓冲代码有 8 个，共有 104 个代码；这些代码存放在数组"code digittab[104]"中，其中"104"为显示代码的个数；另外，"if(++i>=96)"语句中的 "96"为显示内容代码的个数。如果需要显示其他内容，可通过修改程序来实现。例如，要显示数字"441481201612206789"，其中包含 18 个数字，有 144 个代码，加上 8 个缓冲代码，共 152 个代码，将相应代码替换到数组中，数组修改为"code digittab[152]"，判断语句修改为"if(++i>=144)"，同时将显示内容的数据代码（可通过 8×8 点阵取模软件来获取相应数据代码）替换到程序中的相应位置即可。

3. 8×8 点阵显示效果

将修改完成的程序烧录到单片机中，连接好电源线并接通电源进行调试，观察显示效果，检测各个按键的功能实现情况，看按下 K3 复位按键后系统能否复位，按下 K1 或 K2 功能按键后显示内容的移动速度是否有变化，各按键能否起相应的作用。点阵显示效果图如图 7-2-10 所示。

（a）显示数字"8"

（b）显示汉字"中"

图 7-2-10　点阵显示效果图

 考核

	任务考核内容	标准分值	自我评分分值×50%	教师评分分值×50%
	任务计划阶段			
	实训任务要求	10		
	任务执行阶段			
专业知识与技能	掌握 8×8 点阵模块的引脚排列规律	5		
	熟悉 8×8 点阵系统组成框图	5		
	理解 8×8 点阵电路原理及驱动芯片引脚功能	10		
	实训设备使用	5		
	任务完成阶段			
	元器件的检测与识别	5		
	8×8 点阵电路的焊接与调试	15		
	8×8 点阵显示程序的修改与运行	15		
	显示效果展示	10		
职业素养	规范操作（安全、文明）	5		
	学习态度	5		
	合作精神及组织协调能力	5		
	交流总结	5		
	合计	100		

学生心得体会与收获：

教师总体评价与建议：

教师签名：　　　　　　日期：

任务三 32×16 单色 LED 点阵显示屏的应用

8×8 点阵显示屏只能显示阿拉伯数字、部分英文字母及简单的汉字，无法显示复杂的汉字，而 16×16 点阵显示屏可以显示一个完整的复杂汉字，采用 32×16 点阵显示屏则可以显示两个完整的复杂汉字。

任务目标

知识目标

1. 了解 32×16 点阵显示屏的显示原理；
2. 熟悉 32×16 点阵显示屏的电路结构。

技能目标

1. 掌握 32×16 点阵显示屏的 C 语言编程方法；
2. 掌握单色点阵屏取模软件的使用方法。

任务内容

1. 32×16 点阵显示屏的程序设计与修改；
2. 单色点阵屏取模软件的使用。

 知识

1. 32×16 点阵显示屏的结构

32×16 点阵显示屏由 8 块 8×8 点阵模块拼接而成（也可由两块 16×16 点阵模块构成），如图 7-3-1 所示。

2. 32×16 点阵显示屏控制电路原理简介

32×16 点阵显示屏电路由 4 个串行锁存器 74HC595 进行行控制，由 1 个译码器 74HC154 与

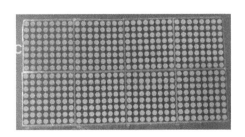

图 7-3-1 32×16 点阵显示屏

187

8 个双 P 沟道增强型 MOS 管 APM 4953 进行列扫描，列是正极，行是负极。

该点阵显示屏的硬件电路主要由单片机、点阵显示电路、行驱动电路、列驱动电路等组成。

（1）点阵模块

32×16 点阵显示屏由 8 个 8×8 点阵模块组成，其中字母"H"开头的为行选引脚，数字"1~4"开头的为列选引脚，如图 7-3-2 所示为点阵模块。

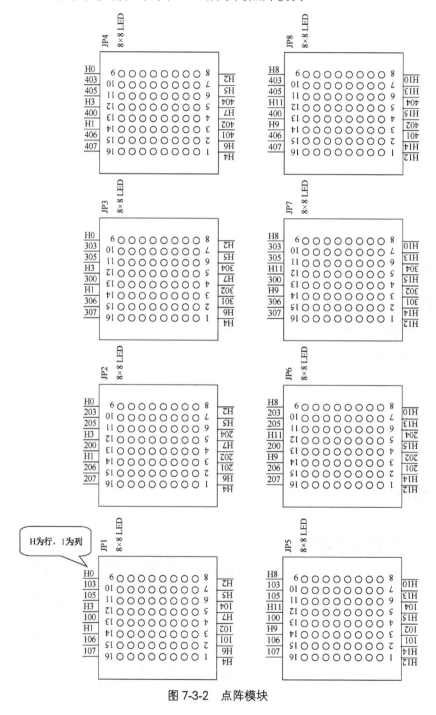

图 7-3-2　点阵模块

（2）74HC595 及行驱动电路

锁存器 74HC595 的外形图与引脚功能图如图 7-3-3 所示。

Q0～Q7（1～7 脚、15 脚）：8 位并行输出端，可以直接控制数码管的 8 个段。

Q7'（9 脚）：串行数据输出端。

DS（14 脚）：串行数据输入端。

$\overline{MR}$（10 脚）：主复位（低电平）。在低电平时将移位寄存器的数据清零。

SH_CP（11 脚）：在上升沿时数据寄存器的数据移位，在下降沿时移位寄存器的数据不变。

ST_CP（12 脚）：在上升沿时移位寄存器的数据进入数据寄存器，在下降沿时数据寄存器的数据不变。

$\overline{OE}$（13 脚）：在高电平时禁止输出（高阻态）。

图 7-3-3　锁存器 74HC595 的外形图及引脚功能图

如图 7-3-4 所示为 32×16 点阵行驱动电路。

（3）APM4953

如图 7-3-5 和图 7-3-6 所示为 APM4953 的外形图及引脚功能图。该芯片内部有两个 CMOS 管。

1、3 脚为 VCC。

2、4 脚为控制脚，其中 2 脚控制 7、8 脚的输出，4 脚控制 5、6 脚的输出，只有当 2、4 脚为 "0" 时，7、8、5、6 脚才有输出，否则输出为高阻状态。

（4）译码器 74HC154

译码器 74HC154 的外形图及引脚功能图如图 7-3-7 所示。

1～11、13～17 脚：输出端。

12 脚：电源地（GND）。

18、19 脚：使能输入端，低电平有效。任意一个为高电平，则 A、B、C、D 任意电平输入都无效。必须两个都为低电平才能操作芯片。

20～23 脚：地址输入端。

24 脚：供电电源 VCC。

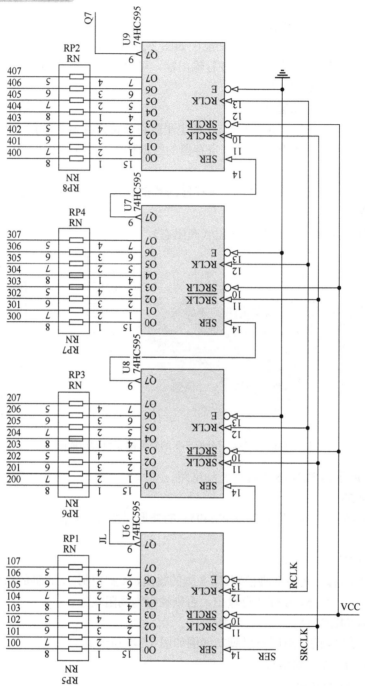

图 7-3-4　32×16 点阵行驱动电路

图 7-3-5　APM4953 外形图

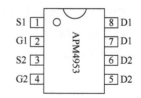

图 7-3-6　APM4953 引脚功能图

图 7-3-7 译码器 74HC154 的外形图及引脚功能图

如图 7-3-8 所示为 32×16 点阵列驱动电路。

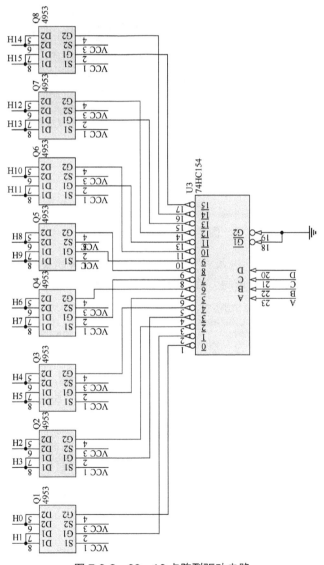

图 7-3-8 32×16 点阵列驱动电路

实训 ──

1. 取模软件 PCtoLCD 的使用

LED 点阵屏的取模软件有多种类型，PCtoLCD 是比较常用的一种，可以从网上下载。PCtoLCD 与本项目任务一中介绍的 8×8 点阵取模软件大致相同，下面简单介绍其使用方法。

打开取模软件 PCtoLCD，软件界面如图 7-3-9 所示。

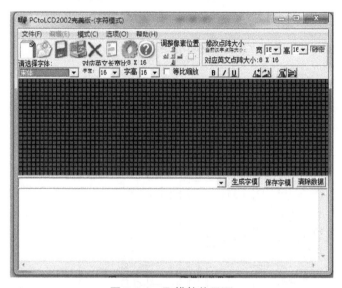

图 7-3-9　取模软件界面

单击菜单栏中的"选项"，进入"字模选项"界面，设置相关参数（点阵格式、取模方式、每行显示数据个数、取模走向、输出数制等），如图 7-3-10 所示。

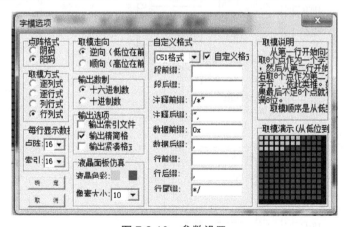

图 7-3-10　参数设置

在取模软件界面的输入框中输入需要显示的字符或者文字，如输入"技能"两字，单击"生成字模"按钮，就会在点阵数据输出区中显示自动生成的相应代码，如图 7-3-11 所示。把字模数据代码复制并替换到程序相应的数组中即可。

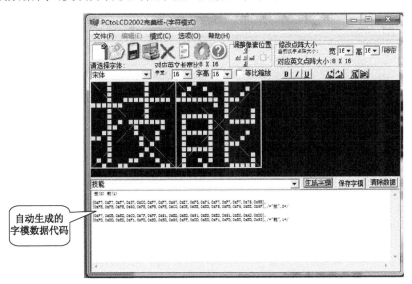

图 7-3-11　生成字模数据代码

将编制或修改好的程序下载到单色点阵屏模块中，并连接单色点阵屏模块电源，按下电源开关，指示灯亮，按下 C 按键后，显示屏上移动显示"技能"两字，显示效果如图 7-3-12 所示。

图 7-3-12　32×16 点阵屏显示效果图

2. 32×16 点阵程序的设计与修改

32×16 点阵程序流程图如图 7-3-13 所示。

控制好点阵屏行与列的选通与显示数据，就能正常显示字符和图案。行驱动由 4 个 74HC595 组成，分别对这 4 个串行锁存器进行移位控制。先设定 4 个无符号字符变量，如 d1、d2、d3、d4。然后进行数据移位，送到行中。再对应列，看是哪一行进行显示控制，然后相应控制译码器 74HC154 的引脚即可。

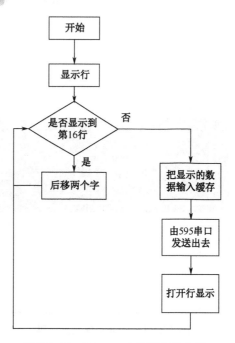

图 7-3-13　32×16 点阵程序流程图

行的控制程序如下。

```
void level(uchar d1,d2,d3,d4)
{
 uchar i;
 sclk = 0;
 rclk = 0;
 for(i=0;i<8;i++)
 {
     sclk = 0;
     sdat =(bit)(d1&0x80);
     sclk = 1;
     d1 = d1 << 1;
 }
 for(i=0;i<8;i++)
 {
     sclk = 0;
     sdat =(bit)(d2&0x80);
     sclk = 1;
     d2 = d2 << 1;
 }
 for(i=0;i<8;i++)
 {
     sclk = 0;
     sdat =(bit)(d3&0x80);
     sclk = 1;
     d3 = d3 << 1;
 }
```

```
for(i=0;i<8;i++)
{
    sclk = 0;
    sdat =(bit)(d4&0x80);
    sclk = 1;
    d4 = d4 << 1;
}
rclk = 1;
sclk = 0;
rclk = 0;
}
```

其中，4 个 for 循环对 4 个锁存器进行相应的控制。

列的控制程序如下。

```
voidvert(uchardat)
{
 hc_a = (bit)(dat&0x01);
 hc_b = (bit)(dat&0x02);
 hc_c = (bit)(dat&0x04);
 hc_d = (bit)(dat&0x08);
}
```

其中，无符号字符变量代表的是 0~15，控制的就是 16 行的数据。hc_a 对应的是 74HC154 的译码输入引脚 A，以此类推。

以动态扫描为例，先送出行的 4 位数据，然后打开对应的列；延迟一段时间后再送出第二个行的 4 位数据，然后打开第二个列，以此类推。这样就可以将字符或者文字显示在点阵屏中。

其函数代码如下。

```
voiddis_char(uchar *char_dat)
{
 uchar i;
 for(i = 0 ; i < 16 ; i++)
 {
     level(char_dat[i+48],char_dat[i+32],char_dat[i+16],char_dat[i]);
     vert(i);
     delay_ms(1);
 }
}
```

上述程序显示效果中的字符或者文字是不移动的，但是在实际应用中，常常需要移动显示内容，以节省显示空间。在这种情况下，可以先定义一个定时器，定时的时间可设定为 10ms，每隔约 100ms 让字符移动一次，就能产生上移或者左移的效果。

定时器 0 配置代码如下。

```
voidtimer_init()
{
 TMOD = 0x01;
 TH0 = 0xd8;
 TL0 = 0xf0;
```

```
    ET0 = 1;
    TR0 = 1;
    EA = 1;
    }
```

定时器 0 中断函数代码如下。

```
    void timer0_ext() interrupt 1
    {
    TH0 = 0xd8;
    TL0 = 0xf0;
    ++count_10ms;
    if(count_10ms == 10)
    {
        count_10ms = 0;
        ++count_100ms;
        ++remove_100ms;
        if(count_100ms % 10 == 0)
        {
            count_1s++;
        }
    }
    }
```

其中，变量 count_100ms 对字符移动后的静态显示进行保持，保持的时间约为 1s。

如果需要将字符向上移动，那么就要将字模数据向上移动一位，然后在空出来的地方补上下一次要显示的字符数据的前一部分，其函数代码如下。

```
    voidmove_up(uchar *dat,ucharnum)
    {
    uchari,j = 0;
    do
    {
        while(remove_100ms < 16)
        {
            for(i=0;i<16-remove_100ms;i++)
            {

level(dat[i+remove_100ms+64*j+48],dat[64*j+32+i+remove_100ms],dat[64*j+1
6+i+remove_100ms],dat[64*j+i+remove_100ms]);
                vert(i);
                delay_ms(1);
            }
            for(i=16-remove_100ms;i<16;i++)
            {

level(dat[i+remove_100ms+64*j+96],dat[64*j+80+i+remove_100ms],dat[64*j+6
4+i+remove_100ms],dat[64*j+48+i+remove_100ms]);
                vert(i);
                delay_ms(1);
            }
```

```
        }
        count_1s = 0;
        while(!count_1s)
        {
            for(i=0;i<16;i++)
            {

level(dat[i+64*j+112],dat[64*j+96+i],dat[64*j+i+80],dat[64*j+i+64]);
                vert(i);
                delay_ms(1);
            }
        }
        j++;
        remove_100ms = 0;
    }while(j <num/2 + 1);
}
```

显示后字符向上移动，在向上移动 16 次之后，字符停止移动，保持显示 1s。

如果要使字符向左移动，那么将涉及移位操作。这时要先把左边 8 位数据的低位移出，再将右边要移进的数据的高位移出来，然后相或。将数据送往锁存器 74HC595，移位相或后，其显示方式仍然与以前相同。函数代码如下。

```
voidremove_left(uchar *char_dat)
{
uchari,j;
for(j = 0; j < N*2+4 ;j++)
{
    remove_100ms = 0;
    while(remove_100ms < 8)
    {
        for(i = 0 ;i < 16;i++)
        {

level((char_dat[i+16*j+48]>>remove_100ms )|(char_dat[i+16*j+64]<<(8-remo
ve_100ms)),(char_dat[i+16*j+32]>>remove_100ms )|(char_dat[i+16*j+48]<<(8-rem
ove_100ms)),(char_dat[i+16*j+16]>>remove_100ms )|(char_dat[i+16*j+32]<<(8-re
move_100ms)),(char_dat[i+16*j]>>remove_100ms )|(char_dat[i+16*j+16]<<(8-remo
ve_100ms)));
            vert(i);
            delay_ms(1);
        }
    }
}
}
```

3. 16×16 点阵显示屏的安装与调试

（1）实训准备

实训所需设备和材料有 16×16 单色 LED 点阵显示屏及其套件、常用电工工具（尖嘴钳、镊子、螺丝刀等）、万用表、电烙铁（含烙铁架、松香、焊锡丝等）、导线、程序下载器、PC、5V 驱动电源等。

16×16 单色 LED 点阵显示屏套件清单见表 7-3-1。

表 7-3-1　16×16 单色 LED 点阵显示屏套件清单

序　号	名　　称	数　量	位 置 标 识	规格或型号
1	贴片电阻	32	R2～R33	0805，330R
2	贴片电阻	1	R1	0805，1kΩ
3	贴片二极管	1	D1	M7
4	贴片二极管	1	D2	短路
5	贴片电容	7	C3～C9	CAP，104
6	贴片电容	2	C1，C2	CAP，22pF
7	双排插件	2	J4，J5	2.54mm，8×2P
8	插件	1	J10	2.54mm，4P
9	插件	1	J3	5mm，2P
10	晶振	1	Y1	DIP，6MHz
11	点阵模块	4	LED1～LED4	LED8×8
12	按键	2	S1，S2	12mm×12mm
13	单片机	1	U1	DIP40，STC12C5A16S2
14	集成电路	4	U2～U5	SOP16，74HC595
15	集成电路	1	U8	DIP18，ULN2803
16	IC 紧锁座	1	U1	DIP40
17	PCB 板	1		130mm×90mm

（2）元器件检测

根据元器件清单，检测各元器件的质量。

（3）安装与调试

① 将检测好的元器件正确安装到电路板上，并进行焊接。点阵装配效果图如图 7-3-14 所示。

图 7-3-14　点阵装配效果图

② 将测试程序通过程序下载器下载到单片机中。

③ 接入 5V 电源，测试点阵显示屏运行效果，点阵显示屏将按预定程序显示"汉字显示测试 OK"，显示效果图如图 7-3-15 所示。

图 7-3-15　显示效果图

④ 若要显示其他内容，可使用取模软件取字符编码并修改程序。

实训所用测试程序如下。

```c
#include <intrins.h>
#include <stdio.h>
#include "STC5A16.h"

//#define _MONIT_

#ifdef _MONIT_
void UartInit(void);
#endif

#define uint8_t unsigned char
#define uint16_t unsigned int

#define FREQ 12000000UL
#define SFREQ 800

#define HC595_NSCLR() P00 = 1;

#define HC595_OE() P03 = 0;
#define HC595_OD() P03 = 1;

#define HC595_STB() P02 = 0; P02 = 1;
#define HC595_CLK() P01 = 0; P01 = 1;

#define HC595_DH() P07 = 1;
#define HC595_DL() P07 = 0;

#define UP_LDRV(L) P2 = L;

#define NUMBER 7

const uint8_t code charcodes[] =
```

199

```
    {

    0x00,0x27,0x12,0x12,0x82,0x41,0x49,0x09,0x10,0x10,0xE0,0x20,0x20,0x21,0x
22,0x0C,
      0x00,0xF8,0x08,0x08,0x08,0x10,0x10,0x10,0xA0,0xA0,0x40,0x40,0xA0,0x10
,0x08,0x06,
      0x02,0x01,0x7F,0x40,0x80,0x1F,0x00,0x00,0x01,0xFF,0x01,0x01,0x01,0x01
,0x05,0x02,
      0x00,0x00,0xFE,0x02,0x04,0xE0,0x40,0x80,0x00,0xFE,0x00,0x00,0x00,0x00
,0x00,0x00,
      0x00,0x1F,0x10,0x10,0x1F,0x10,0x10,0x1F,0x04,0x44,0x24,0x14,0x14,0x04
,0xFF,0x00,
      0x00,0xF0,0x10,0x10,0xF0,0x10,0x10,0xF0,0x40,0x44,0x44,0x48,0x50,0x40
,0xFE,0x00,
      0x00,0x3F,0x00,0x00,0x00,0x00,0xFF,0x01,0x01,0x11,0x11,0x21,0x41,0x81
,0x05,0x02,
      0x00,0xF8,0x00,0x00,0x00,0x00,0xFE,0x00,0x00,0x10,0x08,0x04,0x02,0x02
,0x00,0x00,
      0x00,0x27,0x14,0x14,0x85,0x45,0x45,0x15,0x15,0x25,0xE5,0x21,0x22,0x22
,0x24,0x08,
      0x04,0xC4,0x44,0x54,0x54,0x54,0x54,0x54,0x54,0x54,0x54,0x04,0x84,0x44
,0x14,0x08,
      0x00,0x20,0x10,0x10,0x07,0x00,0xF0,0x17,0x11,0x11,0x11,0x15,0x19,0x17
,0x02,0x00,
      0x28,0x24,0x24,0x20,0xFE,0x20,0x20,0xE0,0x20,0x10,0x10,0x10,0xCA,0x0A
,0x06,0x02,
      0x00,0x00,0x00,0x38,0x44,0x82,0x82,0x82,0x82,0x82,0x82,0x82,0x44,0x38
,0x00,0x00,
      0x00,0x00,0x00,0xEE,0x44,0x48,0x50,0x70,0x50,0x48,0x48,0x44,0x44,0xEE
,0x00,0x00,
    };

    bit tick = 0;
    uint8_t line = 0;
    const uint8_t * pcc = charcodes;
    uint8_t d_buf[4] = {0, 0, 0, 0};//4字节缓冲区用于显示一行




    /***********************************************************
    定时器0初始化
    模式1
    ***********************************************************/
    void Timer1Init(void)
    {
     TMOD = 0X10;
     TL1 = (65536 - (FREQ / 12 / SFREQ));
```

```
    TH1 = ((65536 - (FREQ / 12 / SFREQ)) >> 8);
    EA = 1;
    ET1 = 1;
    TR1 = 1;
}

void shift_byte(uint8_t dat)
{
    uint8_t i;
    dat = ((dat >> 4) | (dat << 4));
    for(i = 8; i != 0; i--)
    {
        if(0 != (dat & 0x80))
        {
            HC595_DH();
        }
        else
        {
            HC595_DL();
        }
        dat <<= 1;
        HC595_CLK();
    }
}

void refresh_display(void)
{
    static uint8_t dl = 1;
    static uint8_t offset = 0;

    d_buf[2] = *(pcc + offset);
    d_buf[3] = *(pcc + offset + 16);
    d_buf[0] = *(pcc + offset + 8);
    d_buf[1] = *(pcc + offset + 24);

    //输出一行点
    shift_byte(d_buf[0]);
    shift_byte(d_buf[1]);
    shift_byte(d_buf[2]);
    shift_byte(d_buf[3]);
    //shift_byte(16);
    //shift_byte(16);
    //shift_byte(16);
    //shift_byte(1);
    //禁止行点亮
    HC595_OD();
    //刷新行驱动
```

```
        UP_LDRV(dl);
        //锁定行点
        HC595_STB();
        //点亮行点
        HC595_OE();
        dl <<= 1;
        if(0 == dl)
        {
            dl = 1;
            offset = 0;
        }
        else
        {
            offset++;
        }
    }


/***********************************************************************
    功能：定时器1中断服务子程序
***********************************************************************/
    void Timer1Isr(void) interrupt 3
    {
     TL1 = (65536 - (FREQ / 12 / SFREQ));
     TH1 = ((65536 - (FREQ / 12 / SFREQ)) >> 8);
     tick = 1;
     refresh_display();
    }


    void PortInit(void)
    {
     P4SW |= 0XE0;

     P0M1 = 0x00;
     P0M0 = 0xFF;
     P0   = 0x00;

     P2M1 = 0x00;
     P2M0 = 0xff;
     P2   = 0x00;

     P4M1 &= ~0Xe0;
     P4M0 |= 0Xe0;

     P0 = 0XFF;
     P2 = 0XFF;
     P4 = 0XFF;
    }
```

```c
void main(void)
{
  uint8_t key = 0;
  uint8_t key_delay = 0;
  uint8_t key_timer = 0;
  uint8_t half_second = 0;
  uint16_t main_timer = 0;
  uint8_t n = 0;

  PortInit();
  Timer1Init();
#ifdef _MONIT_
    UartInit();
#endif

  HC595_NSCLR();
//shift_byte(0xff);
//refresh_display();
  while(1)
  {
      if(0 != tick)
      {
          tick = 0;
          if(0 != main_timer)
          {
              main_timer--;
          }
      }
      if(0 == main_timer)
      {
          main_timer = 400;
          n++;
          if(n >= NUMBER)
          {
              n = 0;
              pcc = charcodes;
          }
          else
          {
              pcc += 32;
          }
      }
  }
}

#ifdef _MONIT_
```

```
#define BAUD 9600ul        //串口波特率

void UartInit(void)
{
 SCON |= 0x50;    //SM1 = 1; REN = 1;      //8位可变波特率，无奇偶校验位
 AUXR |= (1 << BRTR) | (1 << BRTx12) | (1 << S1BRS);
 PCON &= (~(1 << SMOD));
 BRT = 256 - 39;
 ES = 0;              //允许串口中断
}

char putchar (char c)
{
 //ES = 0;
 //be_putchar = 1;
 if (c == '\n')
 {
 TI = 0;
 SBUF = 0x0d;                       /* output CR  */
     while (!TI);
          TI = 0;
 SBUF = 0x0a;                       /* output CR  */
     while (!TI);
 }
 else
 {
     TI = 0;
     SBUF = c;
     while (!TI);
 }
 TI = 0;
 //ES = 1;
 //be_putchar = 0;
 return c;
}

#endif
```

考核

任务考核内容		标准分值	自我评分分值×50%	教师评分分值×50%
专业知识与技能	任务计划阶段			
	实训任务要求	10		
	任务执行阶段			
	熟悉 32×16 点阵模块的组成结构	5		
	熟悉 32×16 点阵模块的电路原理	5		
	掌握取模软件 PCtoLCD 的使用方法	5		
	实训设备使用	5		
	任务完成阶段			
	32×16 点阵显示程序修改	10		
	32×16 点阵模块运行与调试	10		
	16×16 点阵模块的制作与调试	10		
	16×16 点阵显示程序的修改及运行	20		
职业素养	规范操作（安全、文明）	5		
	学习态度	5		
	合作精神及组织协调能力	5		
	交流总结	5		
合计		100		

学生心得体会与收获：

教师总体评价与建议：

教师签名：　　　　　　日期：

项目八

LED 全彩显示屏的制作与应用

LED 全彩显示屏是由 RGB 三基色 LED 像素点组成的，通过控制像素点的亮灭来显示不同颜色的字符或图案。LED 全彩显示屏作为一种新媒体，能显示动态图文，并能随时更新显示内容，容易吸引人的注意力，有着非常好的广告效果，广泛应用于学校、证券所、银行等场合。

任务一 LED 全彩显示屏的软件操作与广告制作

本任务主要通过系统软件设置 LED 全彩显示屏的屏幕大小、屏幕亮度、背景颜色等基本参数，显示的数字、汉字、字母、图像、动画、时钟等内容及跑边形式。

任务目标 ⊕

知识目标

1. 了解 LED 全彩显示屏的基本结构；
2. 熟悉 LED 全彩显示屏的基本原理。

技能目标

1. 掌握 LED 显示屏亮度与颜色的设置方法；
2. 掌握系统软件对 LED 显示屏的控制方法；
3. 掌握 LED 显示屏显示内容的制作方法。

任务内容

1. 屏幕大小、屏幕亮度、背景颜色等基本参数的设置;
2. LED 显示屏的广告制作。

知识

LED 显示屏主要由 LED 点阵单元板、控制器(也称控制卡)、驱动电源和计算机(PC)组成,如图 8-1-1 所示。

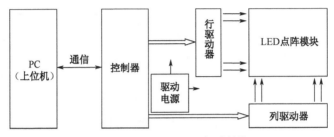

图 8-1-1　LED 显示屏的组成结构图

1. LED 点阵单元板

LED 点阵单元板(也称 LED 模组)是一种显示器件,是组成显示屏的基本单元。它由 LED 点阵模块、行驱动电路(也称行驱动器)和列驱动电路(也称列驱动器)组成,在双面印制电路板的正面装 LED 点阵模块,在印制电路板的反面装行驱动电路和列驱动电路,如图 8-1-2 所示为 32×32 点阵单元板。

(a) 正面　　　　　　　　　　　　　(b) 反面

图 8-1-2　32×32 点阵单元板

光电技术实训装置中的 LED 全彩显示屏由 20 块 32×32 点阵单元板构成,它是一个 320×64 LED 显示屏,如图 8-1-3 所示。

图 8-1-3　320×64 LED 显示屏

2. 控制器

控制器是以单片机为核心的控制部件，用于控制 LED 点阵单元板。控制器有同步型和异步型两种。同步型控制器主要用于实时显示视频、图文等，广泛应用于室内或户外大型全彩显示屏，LED 显示屏同步控制系统控制 LED 显示屏的工作方式基本等同于计算机的显示器。异步型控制器又称脱机控制器，即将计算机编辑好的显示数据预先存储在控制卡内，计算机关机后不会影响显示屏的正常显示。LED 广告屏一般采用异步型控制器，其主要特点是显示屏能脱机工作、操作简单、价格低廉、使用范围较广。

LED 显示屏主要显示各种文字、符号和图形，显示的内容由计算机编辑，经 RS-232 或 RS-485 串行口送至控制器，预先置入帧存储器中，按分区驱动方式生成 LED 显示屏所需的串行显示数据和扫描控制时序，然后逐屏显示播放，循环往复。

本实训采用如图 8-1-4 所示的控制器。

图 8-1-4　控制器

3. 驱动电源

驱动电源为控制器及 LED 点阵单元板提供 5V 直流工作电压。驱动电源多采用开关稳压电源，输入为 220V 交流电压，输出为 5V 直流电压，驱动功率为几百瓦。图 8-1-5 所示为 LED 显示屏驱动电源实物图。

图 8-1-5　LED 显示屏驱动电源实物图

4. 计算机（PC）

LED 显示屏的系统控制软件安装在计算机中，通过计算机完成显示内容的编辑并对

LED 点阵单元板进行控制。当需要更换显示内容时，把更新后的显示数据送到控制器中；当需要改变显示模式时，向控制器传送相应的命令；当需要联机动态显示时，向控制器传送实时显示数据信号。

 实训

1. LED 显示屏基本参数的设置

（1）设置屏幕大小

双击"光电技术实训系统"软件图标，进入登录界面，输入用户名"admin"、密码"123456"并确认后，在光电技术实训系统界面中单击实操控制区的图标，打开"模式选择"对话框，可选择"脱屏模式"或"连屏模式"。在默认的"脱屏模式"下修改屏幕宽度和高度参数。在"屏幕宽度"文本框内输入"320"，在"屏幕高度"文本框内输入"64"，单击"确定"按钮保存设置，如图 8-1-6 所示。

图 8-1-6　设置屏幕大小

屏幕大小只能在"模式选择"对话框中设置，一旦进入工作界面就不能再修改。

屏幕大小设置完成后就会进入脱屏模式工作界面，如图 8-1-7 所示。

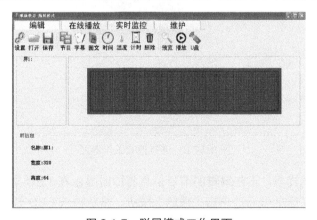

图 8-1-7　脱屏模式工作界面

若要进行连屏操作，可在软件启动时直接连接 LED 显示屏。操作过程如下：打开"模式选择"对话框，选择"连屏模式"，在"LED 屏的 ID"文本框中输入要连接的 LED

显示屏的 ID（如 9173），如图 8-1-8 所示。

图 8-1-8　输入 LED 显示屏的 ID

单击"确定"按钮，将出现"正在连接 LED 屏……"的提示，如图 8-1-9 所示。

图 8-1-9　连屏提示

正常连接 LED 显示屏后，就会进入连屏模式工作界面，如图 8-1-10 所示。

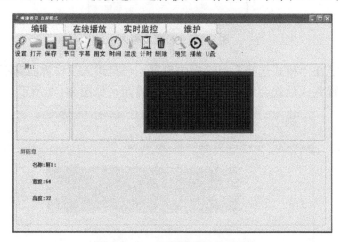

图 8-1-10　连屏模式工作界面

注意：在连屏模式下，正在编辑的节目信息将即时显示在 LED 显示屏中；在脱屏模式下，编辑完成的节目信息可通过单击"播放"按钮，然后输入 LED 显示屏的 ID 进行播放。

（2）设置屏幕亮度和背景颜色

屏幕亮度和背景颜色在连屏模式下进行设置。

选择菜单栏中的"维护"，进入"维护"界面，在这里可以进行屏幕亮度、背景颜色、像素点颜色等的设置，如图 8-1-11 所示。

设置屏幕亮度：拖动屏幕亮度调节滑块，可以调节 LED 显示屏的屏幕亮度。注意，屏幕亮度不能调得太低，否则显示屏显示的内容将出现彩色镶边。

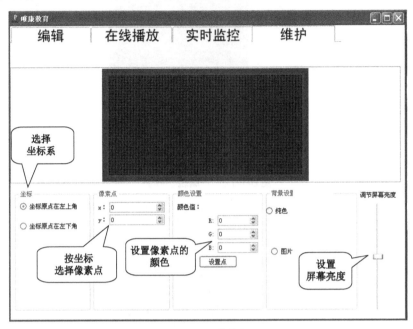

图 8-1-11 "维护"界面

设置背景颜色：在"背景设置"区域中选中"纯色"，在出现的颜色列表中选择需要的颜色作为背景颜色。

设置像素点颜色：在"像素点"区域中输入 x、y 值，在"颜色设置"区域中输入 R、G、B 值，单击"设置点"按钮，对应的像素点将显示所设置的颜色。这里，R 代表红色，G 代表绿色，B 代表蓝色，每个颜色分为 256 级灰度，三种颜色不同灰度级的组合就构成了想要的颜色。颜色设置好后，单击"设置点"按钮，虚拟显示屏上就会显现设定的颜色。

注意：在"维护"界面中，可以通过设置背景颜色或像素点颜色来检测显示屏是否有坏点。

2. LED 显示屏显示内容的制作

可在脱屏模式下完成显示内容的编辑和制作，并将结果保存到文件夹中，播放时通过"打开"按钮调用。

（1）节目设置

选择菜单栏中的"编辑"，进入"编辑"界面，如图 8-1-12 所示。

单击"节目"按钮，为"屏 1"添加一个节目。这时在列表栏中"屏 1"下出现了"节目 1"，如图 8-1-13 所示。在此界面中，可以对"节目 1"进行播放设置。

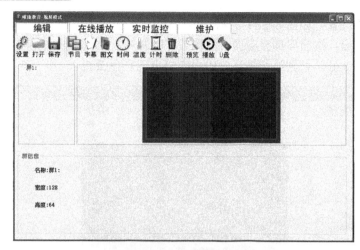

图 8-1-12　"编辑"界面

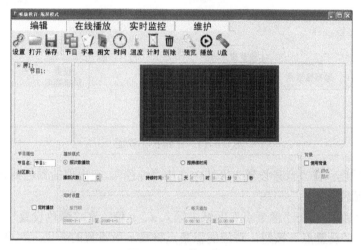

图 8-1-13　节目设置

　　"节目属性"区域：可修改节目名；若勾选"定时播放"，则可在定时设置选项中设置定时播放时间。

　　"播放模式"区域：若选择"按次数播放"，在"播放次数"文本框中输入数字，可设置播放次数（如输入"1"，则该节目播放 1 次）；若选择"按持续时间"，在"持续时间"文本框中输入时间，可设置持续播放时间。

　　"背景"区域：勾选"使用背景"选项，点选"颜色"，在弹出的"请选择背景颜色"对话框中选择想要的颜色作为背景颜色，如图 8-1-14 所示。

　　也可点选"图片"选项，在弹出的"选择背景图片"对话框中选择一幅图片作为背景，如图 8-1-15 所示。

　　若该节目不需要背景，则不勾选"使用背景"选项。

　　（2）字幕设置

　　单击"字幕"按钮，为"节目 1"添加"字幕 1"，如图 8-1-16 所示。在此界面中，可以进行字幕的编辑和制作。

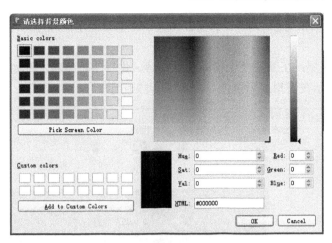

图 8-1-14　选择背景颜色

图 8-1-15　选择背景图片

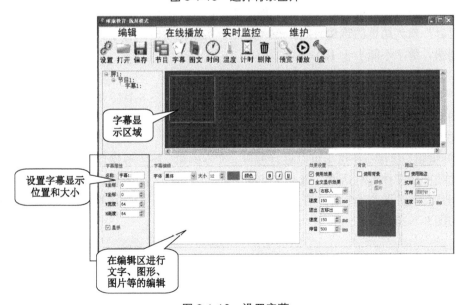

图 8-1-16　设置字幕

"字幕属性"区域：设置字幕显示位置和大小。字幕显示区域可以用鼠标移动并缩放，也可以手动设置。

"字幕编辑"区域：在编辑区中输入文字内容，进行字幕编辑。例如，输入"中国梦"，相应的文字就会显示在虚拟显示屏上，如图 8-1-17 所示。

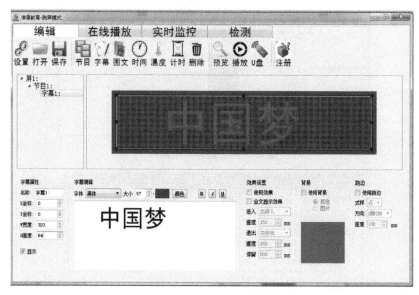

图 8-1-17　显示"中国梦"

"效果设置"区域：设置字幕的播放效果。设置方法将在后文中详细介绍。

"背景"区域：设置字幕的背景颜色。勾选"使用背景"，点选"颜色"，在弹出的"请选择背景颜色"对话框中选择想要的颜色作为背景颜色；也可点选"图片"，在弹出的"选择背景图片"对话框中选择一幅图片作为背景。

"跑边"区域：设置字幕的边框跑边形式（流水边框）。勾选"使用跑边"，在"式样"下拉列表中选择"点"或"线"作为字幕的边框；在"方向"下拉列表中选择"顺时针"或"逆时针"作为边框的跑边方向；在"速度"文本框中输入数字，输入的数字越小，跑边速度越快，数字不能小于 100。

（3）图文设置

单击"图文"按钮，为"节目 1"添加"图文 2"，如图 8-1-18 所示。在此界面中，可以进行图文的编辑和制作。

"图文属性"区域：设置图文显示位置和大小。

"图文编辑"区域：在这里可以进行截屏、文本编辑、删除等操作。单击"图片"按钮，弹出"加载图片文件"对话框，选择文件夹中的一幅图片，如图 8-1-19 所示。

将图片加载到图文编辑区，在编辑区中出现"图片 1"，同时虚拟显示屏上显示加载的图片，如图 8-1-20 所示。

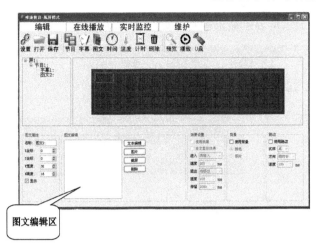

图 8-1-18 图文设置

图 8-1-19 选择图片

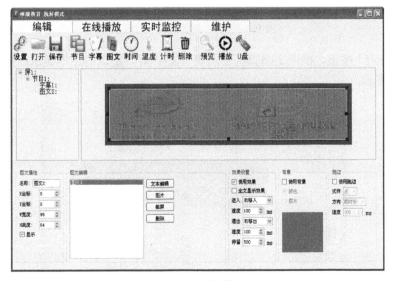

图 8-1-20 显示加载的图片

单击"截屏"按钮，根据提示进行截屏，并保存截屏图片。这时，在编辑区中出现"图片 2：截屏"，虚拟显示屏显示截屏图片，如图 8-1-21 所示。

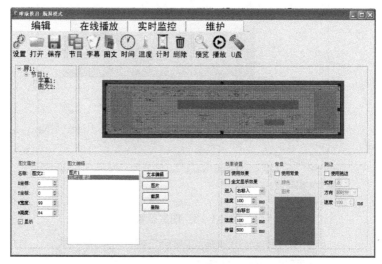

图 8-1-21　显示截屏图片

单击"文本编辑"按钮，弹出"文字编辑"对话框，在编辑区中输入文本，如图 8-1-22 所示。

图 8-1-22　"文字编辑"对话框

单击"确定"按钮，在图文编辑区中出现"文字 4"，编辑的文本显示在虚拟显示屏上，如图 8-1-23 所示。

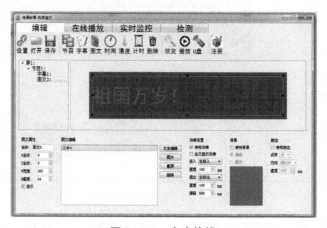

图 8-1-23　文本编辑

"效果设置"区域：设置图文播放效果。设置方法将在后文中详细介绍。

"背景"区域：设置图文背景颜色。勾选"使用背景"，点选"颜色"，在弹出的"请选择背景颜色"对话框中选择想要的颜色作为背景颜色；也可点选"图片"，在弹出的"选择背景图片"对话框中选择一幅图片作为背景。

"跑边"区域：设置图文边框跑边形式。勾选"使用跑边"，在"式样"下拉列表中选择"点"或"线"作为图文边框；在"方向"下拉列表中选择"顺时针"或"逆时针"作为边框的跑边方向；在"速度"文本框中输入数字，输入的数字越小，跑边速度越快，数字不能小于100。

（4）时间设置

单击"时间"按钮，为"节目1"添加"时间3"，如图8-1-24所示。这时虚拟显示屏上显示当前时间。

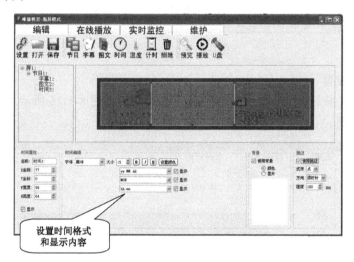

图 8-1-24　时间设置

"时间属性"区域：设置时间显示位置和大小。

"时间编辑"区域：设置时间的显示格式、字体的大小和颜色。

"背景"区域：设置时间显示的背景颜色。勾选"使用背景"，点选"颜色"，在弹出的"请选择背景颜色"对话框中选择想要的颜色作为背景颜色；也可点选"图片"，在弹出的"选择背景图片"对话框中选择一幅图片作为背景。

"跑边"区域：设置时间显示的边框跑边形式。

（5）天气设置

单击"温度"按钮，为"节目1"添加"天气4"，如图8-1-25所示。在连网状态下，当前天气情况将显示在虚拟显示屏上。

"温度属性"区域：设置天气显示位置和大小。

"温度编辑"区域：可选择显示不同地区的天气情况，设置显示的天气内容、字体的大小和颜色。

"背景"区域：设置天气显示的背景颜色。勾选"使用背景"，点选"颜色"，在弹出的"请选择背景颜色"对话框中选择想要的颜色作为背景颜色；也可点选"图片"，在弹出的"选择背景图片"对话框中选择一幅图片作为背景。

"跑边"区域：设置天气显示的边框跑边形式。

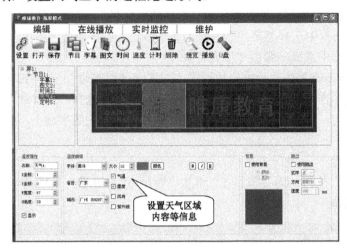

图 8-1-25　天气设置

（6）倒计时设置

单击"计时"按钮，为"节目 1"添加"定时 5"，如图 8-1-26 所示。这时虚拟显示屏上显示倒计时时间。

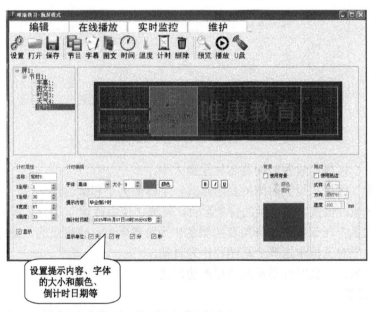

图 8-1-26　倒计时设置

"计时属性"区域：设置倒计时显示位置和大小。

"计时编辑"区域：设置倒计时的提示内容、字体的大小和颜色、倒计时日期等。

"背景"区域：设置倒计时显示的背景颜色。勾选"使用背景"，点选"颜色"，在弹出的"请选择背景颜色"对话框中选择想要的颜色作为背景颜色；也可点选"图片"，在弹出的"选择背景图片"对话框中选择一幅图片作为背景。

"跑边"区域：设置倒计时显示的边框跑边形式。

单击"保存"按钮，将制作好的节目文件保存到指定的文件夹中。

单击"打开"按钮，可以打开要使用的节目文件。

3．LED 显示屏广告制作

（1）广告内容显示特效制作

① 广告内容：专业维修各类电器，专业制作 LED 发光字，LED 广告牌设计，LED 显示屏设计安装。

② 制作要求：设定屏幕大小为 320×64，特效显示为一行字幕连续左移，移动速度及停留时间自定，字体为"华文彩云"，字号为"36"，设置黄色背景，流水边框效果为顺时针线形跑边。

③ 制作过程。

第一步：制作字幕。

在脱屏模式下，选择"编辑"，依次单击"节目"和"字幕"按钮。

"字幕属性"区域：宽度设为"320"，高度设为"64"。

"字幕编辑"区域：字体选择"华文彩云"，字号选择"36"，在文字编辑区中输入"专业维修各类电器，专业制作 LED 发光字，LED 广告牌设计，LED 显示屏设计安装"。

第二步：特效设置。

"效果设置"区域：勾选"全文显示效果"，在"进入"下拉列表中选择"右移入"，在"退出"下拉列表中选择"左移出"，"速度"设置为"100"，"停留"设置为"200"。

"背景"区域：勾选"使用背景"，点选"颜色"，在弹出的颜色列表中选择"黄色"作为背景颜色。

"跑边"区域：勾选"使用跑边"，"式样"选择"线"，"方向"选择"顺时针"，"速度"设为"100"。

广告制作完成后的特效显示效果如图 8-1-27 所示。

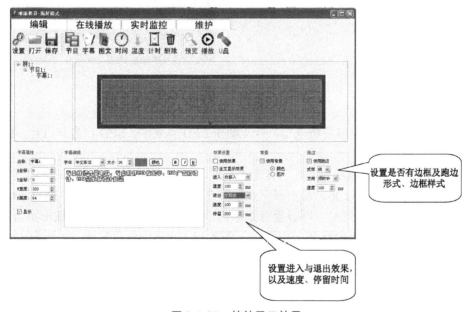

图 8-1-27　特效显示效果

单击"播放"按钮，进行连屏设置，输入 LED 显示屏的 ID 后单击 OK 按钮，屏幕即可显示广告内容，播放效果如图 8-1-28 所示。

图 8-1-28　广告播放效果

（2）实训拓展：广告内容特效制作

广告内容：专业维修各类电器，专业制作 LED 发光字，LED 广告牌设计，LED 显示屏设计安装。

显示特效要求：设定屏幕大小为 320×64，特效显示为 4 行文字，字幕上铺入下铺出，移动速度设置为"150"，停留时间设置为"500"，字体为"黑体"，字号为"12"，背景设置为蓝天白云图片，流水边框效果为顺时针线形跑边。

特效显示效果参考图 8-1-29。

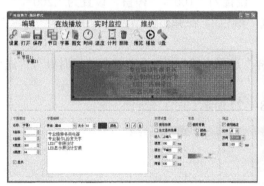

图 8-1-29　特效显示效果

（3）广告综合制作

① 广告内容：专业维修各类电器，专业制作 LED 发光字，LED 广告牌设计，LED 显示屏设计安装。

② 制作要求：特效显示为一行字幕连续左移；LED 显示屏上显示时间、温度、广告字幕，时间显示在屏幕左上角，温度显示在屏幕左下角；设定屏幕大小为 320×64，字体为"华文彩云"，字号为"34"，不设置背景颜色，流水边框效果为顺时针线形跑边；时间显示属性为 X 坐标 11，Y 坐标 0，宽度 64，高度 16，字体为红色黑体，大小为 12，格式为 hh:mm，逆时针点跑边；温度显示属性为 X 坐标 11，Y 坐标 48，宽度 64，高度 16，字体为红色黑体，大小为 12，地点为广东广州，逆时针点跑边。

③ 制作过程。

第一步：制作字幕。

脱屏模式下，选中"编辑"，依次点击"节目"和"字幕"按钮。

"字幕属性"区域：宽度设为"320"，高度设为"64"。

"字幕编辑"区域：字体选择"华文彩云"，字号选择"34"，在文字编辑区中输入"专业维修各类电器，专业制作 LED 发光字，LED 广告牌设计，LED 显示屏设计安装"。

第二步：特效设置。

"效果设置"区域：勾选"全文显示效果"，在"进入"下拉列表中选择"右移入"，在"退出"下拉列表中选择"左移出"，"速度"设置为"100"，"停留"设置为"200"。

"背景"区域：不使用背景颜色。

"跑边"区域：勾选"使用跑边"，"式样"选择"线"，"方向"选择"顺时针"，"速度"设置为"100"。

第三步：时间显示设置。

单击"时间"按钮。"时间属性"区域：X 坐标输入"11"，Y 坐标输入"0"，宽度输入"64"，高度输入"16"。

"时间编辑"区域：字体选择"黑体"，大小选择"12"，颜色选择"红色"，勾选"hh:mm"后面的"显示"。

"背景"区域：不使用背景颜色。

"跑边"区域：勾选"使用跑边"，"式样"选择"点"，"方向"选择"逆时针"，"速度"设置为"200"。

第四步：天气显示设置。

单击"温度"按钮。"温度属性"区域：X 坐标输入"11"，Y 坐标输入"48"，宽度输入"64"，高度输入"16"。

"温度编辑"区域：字体选择"黑体"，大小选择"12"，颜色选择"红色"，省份选择"广东"，城市选择"广州"，勾选"气温"。

"背景"区域：不使用背景颜色。

"跑边"区域：勾选"使用跑边"，"式样"选择"点"，"方向"选择"逆时针"，"速度"设置为"200"。

制作好的广告如图 8-1-30 所示。

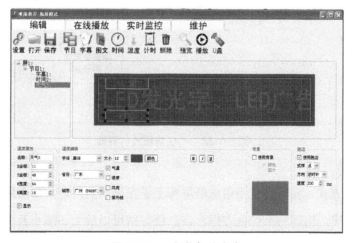

图 8-1-30 制作好的广告

单击"播放"按钮，播放效果如图 8-1-31 所示。在连网状态下才会显示实时温度，断网时显示屏上将不显示天气情况。

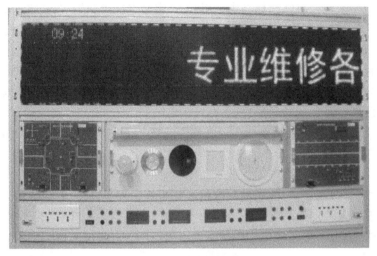

图 8-1-31　广告播放效果

（4）在线播放广告

在连屏模式下，可以在线播放电脑中的视频、图文、动画等，实现虚拟显示屏与实际显示屏同步播放。

在菜单栏中选择"在线播放"，进入"在线播放"界面，如图 8-1-32 所示。

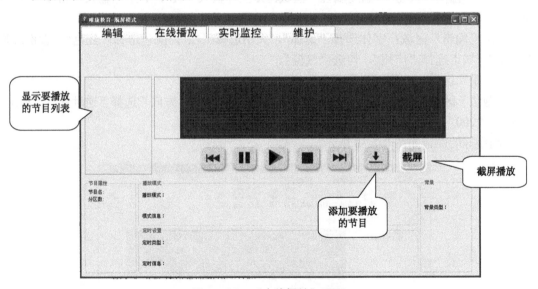

图 8-1-32　"在线播放"界面

① 截屏播放。

可用截屏的方式，实时播放当前电脑屏幕上正在显示的内容，如图片、视频等。

单击　按钮，出现一个红色方框，该红色方框可以放大、缩小及关闭，拖动它可以改变截屏区域，将该红色方框移动到要播放的内容区域，就可实现虚拟显示屏与实际显示屏同步播放。如图 8-1-33 所示为截屏播放界面。

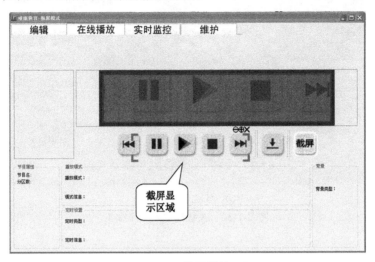

图 8-1-33　截屏播放界面

② 添加要播放的节目。

单击 ± 按钮，选择一个节目文件添加到节目列表中，再单击 ▶ 按钮，播放节目，如图 8-1-34 所示。在线播放时，可以进行暂停、停止、播放上一节目、播放下一节目等操作。

（a）虚拟显示屏显示效果

图 8-1-34　在线播放效果

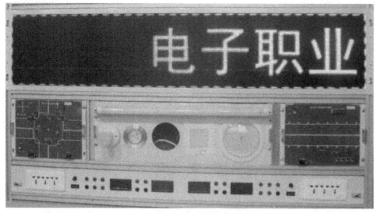

（b）实际显示屏显示效果

图 8-1-34　在线播放效果（续）

 考核

	任务考核内容	标准分值	自我评分分值×50%	教师评分分值×50%
专业知识与技能	任务计划阶段			
	实训任务要求	10		
	任务执行阶段			
	显示屏屏幕参数设置	5		
	显示屏图文节目编辑	5		
	显示屏广告节目制作	5		
	实训设备使用	5		
	任务完成阶段			
	显示屏屏幕参数设置结果	10		
	显示屏图文制作效果	15		
	显示屏广告节目制作效果	15		
	任务总结报告	10		
职业素养	规范操作（安全、文明）	5		
	学习态度	5		
	合作精神及组织协调能力	5		
	交流总结	5		
	合计	100		

学生心得体会与收获：

教师总体评价与建议：

教师签名：　　　　　　　　　日期：

任务二 LED 显示屏的安装与调试

LED 显示屏是集微电子技术、光电子技术、计算机技术、信息处理技术于一体的大型显示系统。它具有色彩鲜艳、动态范围广、亮度高、寿命长、工作稳定可靠等优点，广泛应用于商业广告、金融系统、新闻发布会、证券交易等方面，是目前国际上比较先进的显示媒体之一。

任务目标 ·➕

知识目标

1. 了解 LED 显示屏的分类；
2. 熟悉 LED 显示屏的组成结构。

技能目标

1. 掌握 LED 显示屏的组装与调试方法；
2. 掌握 LED 显示屏的软件操作方法；
3. 掌握 LED 显示屏的节目编辑方法。

任务内容 ·➕

1. LED 显示屏的组装与调试；
2. LED 显示屏的软件操作；
3. LED 显示屏的节目编辑。

 知识

1. LED 显示屏的分类

LED 显示屏可按使用环境、颜色、控制方式、显示功能、显示方式等进行分类。

（1）按使用环境分为户内屏、户外屏及半户外屏

户内屏面积一般从不足一平方米到十几平方米，像素点密度较高，在户内或灯光照明环境中使用，屏体没有密封防水装置。根据发光点直径不同，常用规格有 3.0mm（每平方米 6 万个像素点）、3.75mm（每平方米 4.41 万个像素点）、5.0 毫米（每平方米 1.72 万个像素点）等。

户外屏面积一般从几平方米到上百平方米，像素点密度较低（多为每平方米 2500～10000 个像素点），发光亮度高，可在阳光直射条件下使用，观看距离在几十米左右，屏体具有良好的防风抗雨及防雷能力。根据发光点间距不同，常用规格有 P10mm（每平方米 10000 个像素点）、P12mm（每平方米 6944 个像素点）、P16mm（每平方米 3906 个像素点）等。

半户外屏介于户外屏与户内屏之间，具有较高的发光亮度，可在非阳光直射户外环境下使用，一般放在屋檐下或橱窗内。

（2）按颜色分为单色、双基色和三基色（全彩）显示屏

单色显示屏只有一种颜色的发光材料，多为单红色，在某些特殊场合也可用黄绿色或黄色。双基色显示屏一般由红色和黄绿色发光材料构成。三基色显示屏分为全彩色（full color）和真彩色（nature color）两种。全彩色由红色、黄绿色（波长 570nm）、蓝色构成，真彩色由红色、纯绿色（波长 525nm）、蓝色构成。

（3）按控制或使用方式分为同步屏和异步屏

同步方式是指 LED 显示屏的工作方式基本等同于电脑监视器，它以至少 30 场/秒的更新速率点点对应地实时映射电脑监视器上的图像，通常具有多灰度颜色显示能力，可达到多媒体宣传广告效果。

异步方式是指 LED 显示屏具有存储及自动播放功能，可将在 PC 上编辑好的文字及无灰度图片通过串口或其他网络接口传入 LED 显示屏，然后由 LED 显示屏脱机自动播放，其一般没有多灰度显示能力，主要用于显示文字信息，可以多屏连网。

（4）按显示功能分为条形屏、图文屏、视频屏

条形屏主要用于显示文字，可用遥控器输入，也可与计算机联机使用，通过计算机发送信息，还可脱屏工作。

图文屏的显示器件是由许多均匀排列的发光二极管组成的点阵显示模块，适合播放文字、图像信息。

视频屏的显示器件是由许多发光二极管组成的，可实时同步显示各种信息，如动画、录像、电视、现场实况等。

2．LED 显示屏的组成

LED 显示屏由显示单元板、驱动电源、控制卡、连接导线及外框等组成。

（1）显示单元板

显示单元板是 LED 显示屏的核心部件之一，其质量直接影响显示效果。显示单元板由 LED 模块、驱动芯片和印制电路板组成。LED 模块是由多个 LED 发光点经树脂或者塑料封装起来的点阵。驱动芯片主要有 74HC595、74HC245/244、74HC138、74HC4953 等。

户内条形屏常用显示单元板参数如下：发光点直径为 3.75mm，发光点距离（点距）为 4.75mm，常用屏幕尺寸为 64×16，控制方式为 1/16 扫。

如图 8-2-1 所示为显示单元板实物图。

（a）正面

（b）反面

图 8-2-1　显示单元板实物图

（2）驱动电源

驱动电源一般使用开关电源，220V 交流输入，5V 直流输出。一个单红色户内 64×16 显示单元板全亮时，电流为 2A。一个 128×16 双色显示屏全亮时，电流为 8A，应选择 60W 左右的开关电源。如图 8-2-2 所示为显示屏驱动电源。

图 8-2-2　显示屏驱动电源

（3）控制卡

推荐使用低成本的条形屏控制卡，该控制卡属于异步卡，可以断电保存信息，无须连接 PC 即可显示存储的信息。

控制卡接口有 08 接口和 12 接口等几种，其中 08 接口可接点距为 4.75mm 或 7.62mm、屏幕尺寸为 64×16、控制 1/16 扫的单红色或红绿双色显示屏。如图 8-2-3 所示为显示屏控制卡。最常用的 LED 接口是 16PIN 08 接口，其引脚功能见表 8-2-1。表中 A、B、C、D 为行选信号，STB（LT）为锁存信号，CLK（CK）为时钟信号，R1、R2、G1、G2 为显示数据，EN 为显示使能，N 为地（GND）。

图 8-2-3　显示屏控制卡

单元板和控制卡的接口一致，就可以直接连接。如果不一致，就要自行制作转换线。

表 8-2-1　08 接口引脚功能

2	A	B	C	D	G1	G2	STB	CLK	16
1	N	N	N	EN	R1	R2	N	N	15

（4）连接导线及外框

连接导线有数据线、传输线和电源线。数据线用于连接控制卡和单元板，传输线用于连接控制卡和电脑。电源线用来连接电源和控制卡，以及电源和单元板。连接单元板的电源线的铜芯直径不小于 1mm。如图 8-2-4 所示为显示屏连接导线及外框实物图。

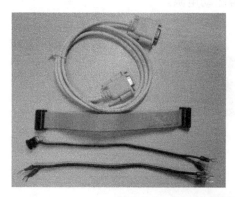

图 8-2-4　显示屏连接导线及外框实物图

 实训

1. LED 显示屏的组装与调试

（1）实训准备

准备 LED 显示屏套件、PC、万用表、电烙铁、螺丝刀、导线等。套件清单见表 8-2-2。

表 8-2-2　LED 显示屏套件清单

序　号	名　　称	数　量	规格或型号
1	LED 显示单元板	1	64×16，P4.75mm，单红色
2	控制卡	1	TF-S6UR，640×32，1280×16
3	驱动电源	1	60W（5V/12A）
4	电源线	3	18cm 红黑线 1 对 2 根
5	数据线（排线）	2	18cm，专用数据线，16 针，2.54mm 孔距
6	串口通信线	1	1.5m 9 针串口线，COM 数据线 DB9 公对母
7	外框	1	30cm×12cm×5cm
8	侧板	2	12cm×5cm
9	螺钉配件	若干	

（2）组装与调试

第 1 步：检查驱动电源。将电源线连接到驱动电源，然后接通 220V 交流电源，驱动电源指示灯点亮，使用万用表直流挡测量 V+ 和 V- 之间的电压，确保该电压在 4.8V 与 5.1V 之间，若该电压不在此范围内，可用十字螺丝刀调节指示灯侧的可调旋钮。为了减少屏幕发热以延长寿命，在亮度要求不高的场合，可以把电压调节到 4.5V 与 4.8V 之间。确认电压正常后，断开交流电源。

第 2 步：将红黑电源线的红色线连接 V+ 端子，黑色线连接 V- 端子，另外一端分别连接控制卡和单元板，黑色线接控制卡和单元板电源端子的 GND 端，红色线连接控制卡和单元板的+5V（+VCC）端。

第 3 步：使用数据线连接控制卡和单元板，单元板有两个 16PIN 接口，按箭头方向由左至右为输入、输出端，输入端靠近 8 路缓冲芯片 74HC245/244。将控制卡连接到输入端，输出端连接到下一个单元板的输入端。数据线连接应注意方向，不能接反。还有一种垂直箭头指示显示屏放置的正立方向，即箭头指示向朝上。显示屏连接示意图如图 8-2-5 所示。

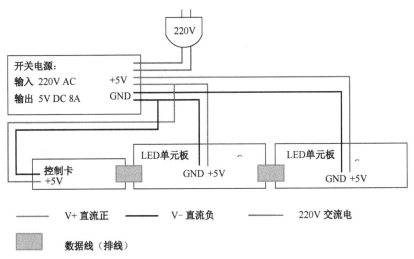

图 8-2-5　显示屏连接示意图

第 4 步：连接 RS-232 串口通信线，一头连接电脑的 DB9 串口，另一头连接控制卡，将 DB9 的 5 脚（棕）连接到控制卡的 GND，将 DB9 的 3 脚（棕白）连接到控制卡的 RS-232-RX。如果 PC 没有串口，可使用 USB 转 RS-232 串口的转换线。

第 5 步：通电前再次检查所有线是否连接正确，在确保连接正常的情况下接上 220V 电源，观察电源指示灯、控制卡指示灯是否点亮，屏幕是否有显示。如果不正常，应检查相关连线是否错误。

第 6 步：利用控制卡上自带的故障检测按键来测试组装的显示屏是否正常，是否存在坏点等问题。按下检测按键，显示屏以行、列或对角斜线的方式进行检测，如图 8-2-6 所示。

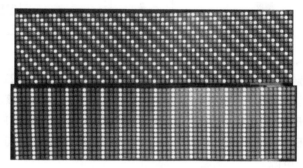

图 8-2-6　显示屏检测效果图

2. LED 显示屏的软件操作

（1）软件安装

双击光盘中的"任意分区卡 PowerLed.exe"，按照提示安装软件。安装程序图标如图 8-2-7 所示。

（2）软件配置

软件安装完成后，双击图标启动软件，可以脱机编辑内容，也可以不连串口线。如果没有连接线，则不要单击"查屏"按钮。

如图 8-2-8 所示，单击"工具"菜单，选择"屏参设置"，口令为"168"。

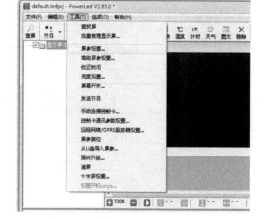

PowerLed_
2.85.0.exe

图 8-2-7　安装程序图标　　　　　　　　图 8-2-8　"工具"菜单

在"屏参设置"对话框中，设置好显示屏的各种参数，如图 8-2-9 所示。

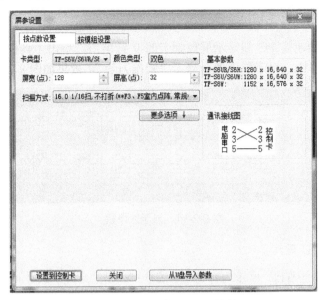

图 8-2-9   "屏参设置"对话框

如果未连串口线，则单击"设置到控制卡"按钮时可能会提示错误，此时参数已保存到软件中，可忽略此错误。

（3）编辑节目

工具栏上有"节目"、"文本"、"表盘"等按钮，可按照需要添加并修改内容，以及调整信息的位置和大小（软件安装好后，已经默认录入了一些信息，可以在其基础上修改）。例如，在工具栏中单击"节目"按钮添加"节目 1"，再单击"文本"按钮添加"文本 1"并在文本编辑区中输入"祖国万岁"，在"特技选项"区域中选择显示的特效。在节目预览区中可以预览编辑效果。如图 8-2-10 所示为软件工作界面。

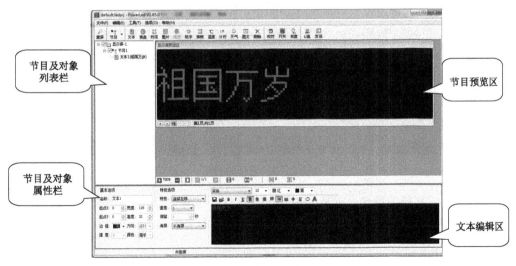

图 8-2-10   软件工作界面

（4）发送节目

① 利用串口通信线发送节目。

利用串口通信线连接 PC 和显示屏控制卡的 9 针串口，单击工具栏中的 发送 按钮即可将节目传送到显示屏中，显示屏上便会显示"祖国万岁"，效果如图 8-2-11 所示。

图 8-2-11　显示效果图

② 导出节目到 U 盘。

用相同的方法添加节目，文本内容为"中国梦!"。在工具栏中单击 U盘 按钮，如图 8-2-12 所示。

图 8-2-12　"U 盘"按钮

单击该按钮后，弹出"导出到 U 盘"对话框，在插入多个 U 盘时应选择目标盘，然后单击 确定保存 按钮发送节目。将目标盘插入显示屏控制卡中，当显示屏显示"OK!"后拔出 U 盘即可显示"中国梦!"，显示效果如图 8-2-13 所示。

图 8-2-13　显示效果图

如果要用 U 盘修改屏参，就要勾选"包含屏参"，仅修改文字内容时无须勾选；如果要用 U 盘给控制卡校正时间，则要勾选"校时"。如图 8-2-14 所示为"导出到 U 盘"对话框。